U0307063

现代雷达辐射源信号分选与识别

何明浩 韩 俊 等 著

科学出版社

北京

内 容 简 介

对雷达辐射源信号进行分选与识别是雷达对抗侦察系统中的一个重要环节，近年来，各种新理论、新技术不断涌现。本书系统介绍了作者近些年围绕该领域所取得的相关研究成果。全书共分 7 章，内容包括：绪论、基于 PRI 的雷达辐射源信号分选、雷达辐射源信号脉内特征参数提取、雷达辐射源信号脉内特征参数评估与选择、SVM 分类器评估与选择、雷达辐射源识别系统效果评估、雷达辐射源工作模式识别。

本书可供从事雷达与电子对抗领域的研究人员参考，也可作为高等院校相关专业高年级本科生和研究生的参考书。

图书在版编目（CIP）数据

现代雷达辐射源信号分选与识别/何明浩等著. —北京：科学出版社，2016.5
ISBN 978-7-03-048269-3

Ⅰ．①现… Ⅱ．①何… Ⅲ．①雷达信号－辐射源－信号分选②雷达信号－辐射源－信号识别 Ⅳ．①TN957.51

中国版本图书馆 CIP 数据核字（2016）第 100704 号

责任编辑：王 哲 邢宝钦／责任校对：桂伟利
责任印制：徐晓晨／封面设计：迷底书装

科 学 出 版 社 出版
北京东黄城根北街 16 号
邮政编码：100717
http://www.sciencep.com

北京虎彩文化传播有限公司 印刷
科学出版社发行 各地新华书店经销

*

2016 年 5 月第 一 版 开本：720×1 000 1/16
2020 年 4 月第四次印刷 印张：10 3/4
字数：201 000
定价：98.00 元
（如有印装质量问题，我社负责调换）

前　　言

信息化条件下的现代战争离不开及时、准确、可靠的雷达对抗情报，其对战争的进程和结局具有决定性的作用。雷达对抗侦察是获取雷达对抗情报的主要手段，其核心技术之一是对雷达辐射源信号进行准确的分选与识别，从截获的密集雷达脉冲流中分选出属于不同雷达辐射源的脉冲，并识别该雷达的型号、体制、用途以及工作状态等。雷达辐射源信号分选与识别结果直接影响到雷达对抗情报的质量，近年来得到该领域研究人员的高度重视，特别是在雷达信号分选、脉内特征参数提取与评估以及雷达工作属性识别等方面，展开了广泛而深入的研究，形成了一系列的理论和技术成果。

多年来，我们持续跟踪研究雷达对抗领域的新思想、新理论、新技术，在 2010 年出版的《雷达对抗信息处理》一书里，围绕雷达辐射源信号的分选与识别技术进行过初步的探讨与研究。为了更加深入、系统、全面地反映我们近年来在这一领域的研究成果和实践体会，在《雷达对抗信息处理》的基础上，着重聚焦雷达辐射源信号的分选与识别相关技术，著成本书。全书共分 7 章。第 1 章论述了现代雷达辐射源信号分选与识别技术的现状和发展趋势；第 2 章分析了基于脉冲重复间隔分选的系列方法及其优缺点；第 3 章针对传统脉内特征参数在分选与识别中存在的缺陷，研究了 3 种新颖的脉内特征参数提取方法；第 4 章围绕如何科学评估特征参数的性能，在不同的应用需求下选择出性能最优的特征参数，研究了基于多指标的脉内特征参数评估与选择方法；第 5 章聚焦 SVM 分类器的评估与选择问题，分析研究了核函数综合评估、模型参数优化等方法；第 6 章从识别率测试结果定义、评估指标的构建与计算等方面，系统研究了雷达辐射源识别系统效果评估；第 7 章针对雷达辐射源工作模式识别问题，着重分析了重频、脉幅以及数据率在其中的相关应用方法。

在本书的编写过程中，我们特别注重系统性、前沿性和针对性。就系统性而言，既对分选与识别中的一些基础方法进行了论述，又研究了一些诸如脉内特征参数提取、工作属性识别等核心问题，从而较为全面地涵盖了分选与识别领域的主要技术；就前沿性而言，着力分析了当前热门的特征参数评估、分类器评估以及识别结果评估等新技术、新理论；就针对性而言，在相关理论的公式推导上力求准确、严密，但也删舍了一些十分复杂的推导过程，重点突出原理和方法的介绍。此外，为了便于读者学习和对相关技术的拓展研究，在每章都罗列了部分具有代表意义的文献。相信本书对从事雷达与电子对抗领域的科研工作者及高等院校师生会有所帮助。

本书由何明浩教授主持撰写，韩俊博士、陈昌孝博士和郁春来博士参与完成。从事该方向工作的团队成员及研究生在有关研究成果的创新实践和成书过程中付出了辛勤劳动，特别是徐璟博士、刘飞博士、冯明月博士、蒋莹博士以及王欢硕士、杨朝硕士等，为本书的顺利出版做出了积极贡献。在编写过程中，得到了军内外许多专家、学者的大力支持，并对本书给予了充分肯定，在此一并表示感谢。

随着战场电磁环境的日益复杂和武器装备的发展更新，雷达辐射源信号形式将更加复杂多变，对其进行准确的分选与识别将变得更加困难。我们将继续聚焦这一重要研究领域，在今后的工作中深化相关研究，从理论和技术上力求有新的突破。由于作者水平有限，书中难免存在不足之处，敬请广大读者批评指正。

作　者

2016 年 4 月

目　　录

第1章 绪 论

对雷达辐射源信号进行分选与识别是雷达对抗侦察系统中的关键技术之一，也是雷达对抗信息处理中的重要内容，其水平是衡量雷达对抗侦察系统和信息处理技术先进程度的重要标志。所谓分选就是从密集交叠的信号脉冲流中分离出各部雷达的信号并选出有用的信号，而识别则是将分选后的信号的特征参数与先验知识数据库进行比较匹配，以确认该辐射源及其工作模式与平台。分选是识别的前提和基础，只有从高密度的随机交叠的信号流中成功分选出各部雷达的脉冲信号后，才能对信号的参数进行测量和分析，并完成识别。对雷达辐射源信号进行分选与识别是雷达对抗侦察系统信号处理的目的，也是电子情报侦察、电子支援措施和威胁告警的主要组成部分。

雷达辐射源信号的分选与识别问题从数学角度上分析就是一个模式分类与识别的问题，为了对模式进行分类与识别，首先需要从雷达信号中获得一些要素作为模式分类与识别的特征。当前对雷达辐射源信号分选与识别的特征主要依赖于到达角、载频、重频、脉宽以及脉幅等常规参数，由于现代雷达的常规参数具有多变、快变等特点，仅利用常规参数难以达到理想的分选识别准确率，尤其是以相控阵为代表的新型体制雷达，无论技术参数上还是战术运用上，与常规雷达相比，都有着质的飞跃。要实现对现代雷达辐射源信号的准确分选与识别，需要深入分析研究信号脉内有意和无意调制特征的变化规律、脉间特征参数的取值规律，研究有针对性的分选识别算法，以提高最终的分选识别准确率。此外，当前战场电磁环境异常复杂，应用需求多样化、复杂化，在不同的应用背景下选择最适合的特征参数和分类器显得至关重要，这就需要构建科学完备的评估模型，一方面对当前可用于分选识别的特征参数和分类器进行性能评估，另一方面对分选识别结果的满意度进行评估，通过后者指导特征参数和分类器的选择与设置，进而得到不同应用需求下的最优结果，使雷达辐射源信号的分选识别过程形成闭环。

本书围绕现代雷达辐射源信号的分选与识别工作，着重阐述雷达信号脉内和脉间特征参数的提取与评估、分类器的评估与选择、雷达辐射源识别效果评估以及雷达辐射源工作模式识别等技术。

1.1 现代雷达辐射源特点

1.1.1 技术特点

现代新体制雷达，尤其以相控阵雷达为代表，所采用的技术先进，预警探测能力强，主要特点可归纳如下。

1. 采用有源相控阵技术

雷达功率孔径积大，易获得较大输出功率（同样的发射机功率和天线孔径，输出功率可增大 3~4 倍），探测能力强。与无源相控阵天线相比，具有以下特点：①发射馈线损耗降低；②馈线系统对功率要求降低，改善发射天线的体积、质量指标；③简化复杂的馈线系统设计；④更好的可靠性和更快的系统响应时间；⑤提高相控阵雷达数字化程度。典型的如外军某型弹道导弹预警雷达，每个阵面有两千多个辐射单元（其中有源单元占据一半以上），每个单元的固态发射机可输出功率为 350W，其总功率可达到近 600kW，对导弹的搜索距离可达到 4800km。且有源天线阵的电扫描可在方位和仰角上控制，每个组件都有自己的发射和接收天线，特别是采用二维有源相控阵体制的雷达，具备搜索、跟踪和武器控制的多功能、多任务能力。例如，美国海军"宙斯盾"系统中已大量生产、装备的二维相扫相控阵雷达 AN/SPY-1 的改进型、F-22 战斗机机载火控雷达 AN/APG-77 等也采用有源相控阵天线。

2. 采用数字化技术

相控阵雷达普遍采用直接数字频率综合器、数字上变频器、数字下变频器和数字控制振荡器等实现波束的数字形成，具有较高的数字化程度。采用直接频率综合器产生雷达发射信号波形和实现天线波束相控扫描所需的天线单元之间的移相值，给雷达信号波形产生与波束指向控制带来更大的灵活性与自适应能力，具有快速的广域扫描速率、数字多波束、高灵敏度和更好的杂波对消、操作灵活（多路同时波束，波束多路传输）、更好的标校方式等优势，这也是其实现多功能的技术保障。数字波束形成技术的一个主要应用，是形成多个单脉冲测角波束。在常规抛物面天线或相控阵列接收天线中，为进行单脉冲测角，需要形成单脉冲接收波束。若采用数字方法实现单脉冲测角多波束，则可在计算机内用软件替代单脉冲比较器等硬件网络，也不需要单独的和差波束接收通道。

3. 具有多目标跟踪、多功能及自适应工作模式

多功能相控阵雷达具有根据观测任务、目标情况（目标 RCS 大小、目标威胁度、目标距离等）而自适应地改变本身的工作模式、工作参数、信号波形和信号能量分配的能力。例如，用于"爱国者"导弹防御系统中的相控阵雷达 AN/MPQ-53，可同时对付近百批敌方飞机并制导多枚己方的地空导弹；用于"宙斯盾"系统的相控阵雷达 AN/SPY-1，可同时处理数百个目标，具有给军舰提供连续搜索和跟踪的能力。这些多功能相控阵雷达，可在对全空域扫描以发现新目标的同时，对多批目标进行跟踪，并对多批目标进行武器控制，可完成多部机械扫描雷达难以完成的任务，这对于提高整个系统的响应速度是十分有利的。

4. 采用宽带/超宽带技术

宽带相控阵雷达技术是当前相控阵雷达发展的一个重要方向，这主要与相控阵雷

达在多目标、多功能情况下要完成的许多新任务密切相关。宽带相控阵雷达技术主要用于高分辨相控阵雷达系统。采用宽带信号是机载、空间载宽带相控阵雷达实现雷达遥感、检测地面或海面静止与运动目标的重要手段，也是地基或海基宽带相控阵雷达对空中或空间飞行目标进行逆合成孔径成像的前提条件，同时是解决多目标分辨、目标分类和识别、目标属性判别等难题的重要途径。此外，为了提高相控阵雷达的抗干扰能力，实现低截获概率，也需要采用宽带雷达信号。宽带或超宽带相控阵雷达还可兼作电子支援措施(Electronic Support Measurement，ESM)通信等用途，使相控阵雷达天线成为共享孔径的天线系统。雷达的工作带宽达到 10% 以上，有些雷达的带宽达到了 20%～30%，个别雷达甚至达到 50%。典型地，S 波段雷达的工作带宽达 400～500MHz，X 波段雷达的工作带宽达 1～2GHz，增强了频率反侦察、反干扰的能力。

5. 采用低截获概率设计技术

雷达信号波形复杂、多变，占空比增大，并可根据目标探测需要进行控制，随机改变发射功率、工作频率、信号波形和参数等，使得敌方难以截获和识别。其主要实现途径有：一是雷达发射的脉冲随机变化，使侦察系统和反辐射武器难以捕捉和跟踪一个"恒定"的信号；二是对雷达实施热屏蔽，降低雷达的红外特征；三是降低雷达旁瓣，减小波束宽度，使电子侦察系统和反辐射导弹难以截获雷达辐射信号，有效降低其攻击精度；四是发射功率控制，如隐身飞机雷达，不会轻易发射探测信号，且同时严格控制其发射功率，发射满足目标探测所需的最低功率。低截获概率雷达的发展需要既要提高侦察接收机灵敏度，又要适应复杂电磁信号环境的要求。

6. 发射方式控制灵活

相控阵雷达可根据威胁环境采用有源或无源工作模式。两种模式可按扇区控制，在确保探测能力的同时提高雷达的生存能力。无源模式时关闭发射机，只接收信号，对干扰源进行分析、定位，以便采取相应的反干扰对策。

7. 采用超低副瓣和副瓣处理技术

天线副瓣电平是反映雷达系统反对抗能力的一项重要指标，现代雷达的平均副瓣一般在 −50dB 以上。在相控阵雷达系统设计中，一般采用幅度加权、密度加权、相位加权以及它们的混合加权方法作为天线照射函数的加权方案降低副瓣电平。

8. 雷达与通信、光电、电子对抗等综合一体化和多传感器信息融合

因为相控阵雷达天线易于做到宽频带，这使其在完成雷达功能外，还可兼有实施电子对抗侦察、电子干扰和数据链等功能，为雷达与通信、电子对抗等综合一体化提供基础，并有利于提高雷达的反对抗能力。例如，F/A-22 上的 AN/APG-77 雷达，可以综合用于电子战、通信等方面。

9. 可靠性、维护性好

有源相控阵雷达采用分布式的多个固态 T/R 组件代替了易出故障的大功率行波管

发射机和机械扫描部件，而且天线是由多个阵元构成的，即使其中的 5%发生故障，雷达还能有效工作，因而抗故障能力强，可靠性和维护性好。

现代新体制雷达普遍采用了以上技术，从而使一套系统可以完成由多部搜索、跟踪和武器控制雷达才能实现的功能，利用时间和能量管理使每次任务功能都可以在很短的间隔内完成。这些技术的综合运用给电子对抗侦察系统带来了前所未有的挑战。

1.1.2　信号特征及变化样式

1. 频域特征

载频是雷达参数中最为重要的参数之一，它与雷达的技术体制、战术用途有着密切的关联。对于担负搜索任务为主的雷达，由于监视空域大、作用距离较远、目标数量较多，一般采用较低的工作频率，目前多数空间目标监视雷达，其作用距离达到几千千米，多采用 P 波段和 L 波段，以便充分利用加大天线口径的办法来提高雷达探测距离，典型的如地面预警雷达"铺路爪"系列、地面远程搜索雷达 AN/FPS-117；对于需要完成跟踪任务的雷达，如担负火控、制导任务的雷达，则选用较短的波长，提高发射天线增益，来增大跟踪距离，提高跟踪精度，如 F-18 战斗机机载雷达 AN/APG-79、F-22 战斗机机载雷达 AN/APG-77、"爱国者"地空导弹系统雷达 AN/MPQ-53 等。

现代雷达的工作带宽达到了10%~30%，雷达发射信号的频率在工作带宽内以各种方式灵活变化，为了实现抗干扰、解模糊等各种目的，会采用不同的频率变换方式，典型的有脉间伪随机捷变频、脉组伪随机捷变频、脉间和脉组自适应捷变频、频率分集等。以外军某型机载火控雷达为例，其频率工作范围内有多个频点可供伪随机选择，一般有以下几种变化样式：①伪随机捷变频，即伪随机地选择信号发射频率，可进行脉组或脉间的频率捷变；②预编程变频，即人为地设置频率变化方式，如在每个扇区内进行编程控制；③随机捷变频，即频率随机变化；④自适应捷变频，即根据干扰分析结果，自动选择干扰功率最弱的频率，通常是选择前一个驻留中受干扰最小的频率。

2. 时域特征

在设计雷达信号的脉冲重复频率(Pulse Repetition Frequency，PRF)与脉冲宽度(Pulse Width，PW)值时，首先需考虑到发射机所能输出的最高平均功率。在保证发射机工作稳定的条件下，根据雷达不同的工作模式来选择 PRF 和 PW。PRF 是雷达辐射源信号的一个十分重要的参数，决定了雷达的最大不模糊探测距离与测速分辨力。在各种特征参数中，PRF 是雷达信号参数中变化范围较广、工作样式较多的一个参数，其调制样式与辐射源的工作模式也具有重要联系。PRF 的基本调制类型主要有：PRF 固定、PRF 参差、PRF 滑变、PRF 正弦调制以及 PRF 抖动等。

　　PRF 固定是指 PRF 的最大变化量小于平均值的 1%。这种变化样式一般用于常规体制雷达，目前在实际应用中较少采用。

　　PRF 参差主要包括脉间参差与脉组参差。脉间参差是指雷达顺序、重复地采用了两个或两个以上的脉冲重复周期，通常由长短交替的 PRF 组成，常见的有三参差、四参差、五参差等。脉组参差是指雷达在某一 PRF 值上发射几个脉冲，然后跳到另一 PRF 值上发送几个脉冲，并具有周期性。PRF 参差可用于消除动目标显示（Moving Target Indicate，MTI）系统中的盲速。

　　PRF 滑变是指 PRF 单调地增加或者减少，达到一个最大或最小值以后再返回。该变化样式可以在保证最大作用距离的同时消除盲距，且可以使某一高度范围内的仰角扫描达到最佳性能。PRF 滑变用于固定高度覆盖扫描来优化俯仰扫描，以及消除盲距。

　　PRF 正弦调制是指 PRF 在一定范围内受正弦函数调制，通常在圆锥扫描雷达中用于制导，也可以避免目标遮蔽或测距。

　　PRF 抖动是指雷达信号的 PRF 值在某一中心值附近随机地抖动，其变化范围一般为 1%～10%。PRF 抖动可用于防护某些通过预测脉冲到达时间进行干扰的技术。

　　在相控阵雷达中，PRF 的变化样式通常为多种变化样式的组合，如一维相控阵雷达在同一个波位上采用 PRF 参差工作，在不同波位之间 PRF 又是滑变的。多功能雷达在搜索加跟踪（Track and Search，TAS）模式下，PRF 的变化样式为多种样式的组合。

　　雷达信号的 PW 影响雷达的探测能力和距离分辨力，其变化形式通常比较简单，主要有 PW 固定、PW 可选择、PW 抖动等方式，其取值的变化一般与脉冲重复间隔（Pulse Repetition Interval，PRI）（PRF 的倒数）的取值具有一定相关性。PW 固定是指 PW 中心值保持在一个数值附近波动。PW 可选择主要是指相控阵雷达在不同的波位上可以选择不同的 PW，也可随 PRF 相关变化。PW 参数具有较好的聚敛性，对于信号分选具有一定参考作用。但由于在复杂电磁环境下，信号交叠严重，并且多径效应导致的脉冲包络的严重失真也会使得脉宽测量不够精确，不同信号的 PW 参数可能会存在交叠的现象。

　　相控阵雷达在搜索模式下，按照搜索空域预警的重要性、目标可能出现在该空域的概率、雷达探测威力等，可将搜索空域分为多个不同的搜索区，如水平搜索区域、近距离搜索区域等。在不同的区域、不同的工作模式，选择不同的 PRF 与 PW 值来工作。搜索远距离目标时，脉冲重复周期较长，信号的 PW 也较宽；搜索近距离目标时，如对高仰角目标进行搜索，因作用距离较短，信号 PRI 较短，PW 也较窄。在多目标跟踪模式下，对不同的跟踪情况也可分配不同的跟踪采样间隔时间和跟踪时间，信号波形也可按不同的跟踪状态进行改变。为了便于用时间分割方法进行多目标跟踪，跟踪时间需集中在一起。因此，各种跟踪状态对应的跟踪间隔时间应是最小跟踪间隔时间的整数倍。同时，相控阵雷达在搜索过程中发现目标之后，一方面要对该目标进行跟踪，另一方面要继续对搜索空域进行搜索，即 TAS 模式下，雷达在搜索与不同的跟踪状态下，信号的 PRI、PW 参数也有相应的变化。

3. 能域特征

信号能量管理在相控阵雷达系统设计中是一项重要内容。雷达探测信号的能量是指信号功率及其持续时间的乘积，因此改变信号能量即改变信号的功率时间乘积。相控阵雷达具有作用距离远、跟踪目标多的性能，考虑到要观测目标的雷达反射截面积（Radar Cross Section，RCS）值变化范围较大，且在空间和时间上分布不均匀等特点，需要合理分配雷达信号能量。在搜索和跟踪状态之间分配信号能量就是要根据不同的目标状况，如目标数目多少、目标空间分布的远近、目标 RCS 的大小、目标的重要性与威胁度、目标是否有先验知识及对目标测量精度的不同要求等，来合理选择信号能量的分配系数。能量管理的调节措施主要有：调节波束驻留数目、调节雷达重复周期、调节脉冲宽度、调节搜索或跟踪间隔时间、改变搜索空域、采用集能工作模式（主要通过对重点方向、区域增加波束驻留数目）等。无论搜索工作模式还是跟踪工作模式，改变波束驻留数目常作为雷达信号的能量管理方式。以上调节措施的一个前提是维持发射机平均功率不变，即充分利用发射信号的平均功率。有的情况可以在降低发射机辐射功率时进行工作，这时可采用降低信号工作比、控制工作发射机的数量等作为信号能量管理的控制措施。

4. 数据率特征

数据率是能够反映新体制相控阵雷达辐射源工作模式的特征参数。数据率既是一个战术指标，又是一个技术指标，通常将其定义为对同一目标相邻两次照射的时间间隔的倒数，以"次/秒"为单位。对于机械扫描雷达，数据率由扫描周期决定；一维相控阵雷达数据率由方位扫描周期和俯仰扫描方式决定；二维相控阵雷达波束扫描灵活，数据率随工作模式、目标的距离、数量等变化。若采用数据率的倒数，则数据采样间隔时间这一概念可以解释雷达获取数据的过程及物理意义。相控阵雷达具有两种最基本的工作模式：搜索模式与跟踪模式，相应地对于数据率的要求也并不相同。

搜索状态下，数据率是指相邻两次搜索完指定空域的时间间隔的倒数。对远程特别是超远程相控阵雷达，重复周期长，导致搜索时间长，搜索间隔时间也相应增加，从而搜索数据率降低。为了确保数据率满足要求，对重点搜索空域分配的数据率要高于一般搜索区，近区搜索空域分配的数据率要高于远区搜索区。如图 1.1 所示，区域 1 为重点搜索区，区域 2 为一般搜索区，分为两部分。对于重点搜索区，通过减小搜索间隔，使 $T_{si1} < T_{si2}$，来增大搜索数据率。例如，将区域 2a、2b 搜索完一遍之后，区域 1 应搜索完两遍，从而使区域 1 的搜索数据率较区域 2 增大 1 倍。此时，两区域的搜索间隔时间分别为 $T_{si1} = T_{s1} + T_{s2} / 2$，$T_{si2} = T_{s2} + 2T_{s1}$。

跟踪状态下，数据率是指对同一目标跟踪采样间隔时间的倒数。波束发现目标以后，转入正常跟踪状态前还有一个过渡过程，由于在搜索检测与确认期间，目标的飞行方向、飞行速度尚不知道，所以此时的数据率较高，一般前 2 次跟踪采样的间隔时间要比正常跟踪情况高 2～5 倍，以实现可靠的跟踪过渡。当转入跟踪状态后，可根据目标的远、近、重要程度以及威胁等级自适应地改变数据率。在多目标跟踪状态下，对不同的目标采用不同的跟踪信号波形，还可在对远距离目标跟踪的重复周期内，合理安排对近距离目标的跟踪模式对应的数据率信号，实现对多波束信号能量的分配，并满足不同跟踪目标数据率的要求。如图 1.2 所示，通过调节在不同波束位置的信号脉冲宽度的大小、重复周期的长短等，实现对多波束信号能量的分配，并满足不同跟踪目标数据率的要求。

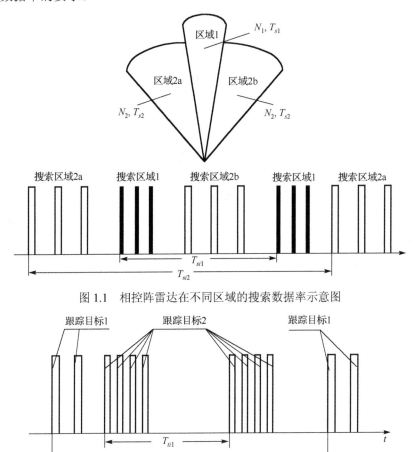

图 1.1　相控阵雷达在不同区域的搜索数据率示意图

图 1.2　相控阵雷达多目标跟踪模式下跟踪数据率示意图

与传统雷达系统不同，相控阵雷达的 TAS 工作模式可以通过时间分割的方式同时并行地执行多个任务，即对某些目标进行跟踪的同时对其他空域进行搜索，如图 1.3 所示，而这些任务的数据率不同，因此相控阵雷达的数据率就不同于传统雷达为固定常值，而是需要根据实际的应用进行灵活的选取。这样既可保持对目标的跟踪连续性，提高雷达测量精度，又可保证合理调节相控阵雷达在搜索与跟踪之间合理分配信号能量、合理调节跟踪目标数目，也就是在不同阶段可以根据目标的多少、远近及威胁等级，采用不同的数据率。

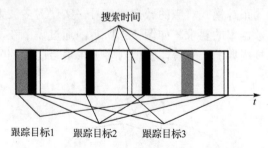

图 1.3　相控阵雷达 TAS 模式下数据率示意图

5. 脉内调制特征

雷达信号的脉内调制特征包括人为的有意调制特征和系统附带的无意调制特征。

有意调制是雷达波形设计者为了实现某种特定的功能，人为地加入了脉冲压缩体制信号上的调制特征，以提供大的时宽带宽（Band Time，BT）积，来解决雷达的测距、测速精度与作用距离之间的矛盾。主要的调制方式包括脉内相位调制、频率调制、幅度调制和三种调制组合的混合调制。典型的脉内调制样式有：线性调频、非线性调频、频率编码、相位编码以及混合调制等。

1) 线性调频（Linear Frequency Modulation，LFM）信号

信号的数学表示式为

$$s(t) = \begin{cases} A\exp\left[\text{j}2\pi\left(f_0 t + \dfrac{1}{2}\mu t^2 \right) \right], & 0 \leqslant t \leqslant T \\ 0, & \text{其他} \end{cases} \tag{1.1}$$

式中，A 为非负数；μ 为调频斜率。

2) 非线性调频（Nonlinear Frequency Modulation，NLFM）信号

非线性调频信号的调制样式较多，可用解析式表示为

$$s(t) = \begin{cases} A\exp[\text{j}(2\pi f_0 t + \varphi(t))], & 0 \leqslant t \leqslant T \\ 0, & \text{其他} \end{cases} \tag{1.2}$$

式中，$\varphi(t) = a_0 + a_1 t + a_2 t^2 + a_3 t^3 + \cdots + a_i t^i \, (i = 0, 1, 2, \cdots)$；$A$ 为非负数。

3) 频率编码（Frequency Shift Keyed，FSK）信号

频率编码信号表达式为

$$s(t) = \sum_{i=0}^{N-1} A\text{rect}\left[t - iT_r, T_r \right] \exp[\text{j}(2\pi f_i t + \varphi)] \tag{1.3}$$

式中，N 为子码数；T_r 为子码宽度；f_i 为频率编码；φ 为初相。

4) 相位编码(Phase Shifted Keyed,PSK)信号

相位编码通常采用伪随机序列编码,具有很强的自相干作用,常见的调相码有:巴克码、组合巴克码、互补码、M 序列码、L 序列码等。

相位编码信号表达式为

$$s(t) = \sum_{i=0}^{N-1} A\mathrm{rect}\left[t - i\Delta T, \Delta T\right] \exp\left[\mathrm{j}\left(2\pi f_0 t + \varphi_i\right)\right] \tag{1.4}$$

式中,f_0 为信号载频;N 为子码数;ΔT 为子码宽度;二相编码时 φ_i 取 0 或者 π。

5) 混合调制信号

由于采用单一调制的雷达信号存在易截获、易干扰的缺陷,而且单一调制信号(如 FSK、PSK)在现有技术条件下,较难实现大的 BT 积,低截获性能受到限制。脉内混合调制是将发射的宽脉冲分为若干子脉冲,根据雷达应用功能的实际需要,每个子脉冲进行各自的窄带调制。采用信号组合的方法能够得到大 BT 积的复合信号,并实现不同调制类型的有机结合,提高距离分辨率或速度分辨率。目前采用复合调制的雷达信号类型较多,例如,对脉冲内部采用线性调频,而脉冲之间采用伪随机码相位调制,或者脉内采用调频,脉间采用步进、跳频等。雷达信号所采取的这些新的调制方式为侦察信号处理带来了新的挑战。以下对目前几种复杂结构的信号进行简要分析。

(1)线性调频+二相编码。

二相编码信号的复包络可以表示为

$$v_B(t) = v(t) \frac{1}{\sqrt{P}} \sum_{m=0}^{P-1} c_m \delta(t - mT_B) \tag{1.5}$$

式中,$v(t) = \begin{cases} 1/\sqrt{T_B}, & 0 < t < T_B \\ 0, & 其他 \end{cases}$;$T_B$ 为子脉冲宽度;P 为码长;c_m 为二相编码信号的二进序列。

在式(1.5)的 $v(t)$ 处乘以一频率调制函数,可以得到另一种信号的复包络 $u(t)$

$$\begin{aligned} u(t) &= v(t) \frac{1}{\sqrt{T_L}} \mathrm{rect}\left[\frac{t}{T_L}\right] \exp(\mathrm{j}\pi k t^2) \otimes \frac{1}{\sqrt{P}} \sum_{m=0}^{P-1} c_m \delta(t - mT_B) \\ &= u_1(t) \otimes u_2(t) \end{aligned} \tag{1.6}$$

式中,$u_1(t) = v(t) \dfrac{1}{\sqrt{T_L}} \mathrm{rect}\left[\dfrac{t}{T_L}\right] \exp(\mathrm{j}\pi k t^2)$ 为 LFM 信号;$u_2(t) = \dfrac{1}{\sqrt{P}} \sum_{m=0}^{P-1} c_m \delta(t - mT_B)$ 为二相编码信号;$k = B_L / T_L$,B_L、T_L 分别为 LFM 信号的频率变化范围和脉冲宽度。当 $T_L = T_B$ 时,且设 $T_L = T_B = T$,$B_L = B$,则式(1.6)表示一类新的二相编码信号,这种信号的每个子脉冲均为具有相同斜率的 LFM 信号,将这类信号称为线性调频+二相编码组合信号。

(2) 线性调频+频率编码。

设信号的总带宽为 B ，子脉冲个数为 N ，带宽为 $B_N = B / N$ ，脉宽为 T_p ，调频斜率 $k = B_N / T_p$ 。第 i 个子脉冲的中心频率为

$$f_{ci} \in [f_1, f_2, \cdots, f_N], \quad i = 0, 1, 2, \cdots, N \tag{1.7}$$

式中， $f_N = f_1 + iB_{N-1}$ ，时域表达式为

$$u(t) = \sum_{i=0}^{N-1} \mathrm{rect}\left(\frac{t - iT_r}{T_p}\right) \exp[\mathrm{j}\pi k(t - iT_r)^2] \exp[2\pi f_{ci}t] \tag{1.8}$$

(3) 线性调频+频率步进。

设信号的总带宽为 B ，子脉冲个数为 N ，带宽为 $B_N = B / N$ ，脉宽为 T_p ，调频斜率 $k = B_N / T_p$ 。为避免合成的宽带频谱出现空隙或重叠，相邻子脉冲间的载频增量 Δf 一般取为 B_N 。设第一个子脉冲的中心频率为 f_0 ，则第 $i+1$ 个子脉冲的中心频率为

$$f_{ci} = f_0 + iB_N, \quad i = 0, 1, 2, \cdots, N-1 \tag{1.9}$$

时域表达式为

$$u(t) = \sum_{i=0}^{N-1} \mathrm{rect}\left(\frac{t - iT_r}{T_p}\right) \exp[\mathrm{j}\pi k(t - iT_r)^2] \exp[2\pi f_{ci}t] \tag{1.10}$$

式中， $u_i(t) = \mathrm{rect}\left(\dfrac{t}{T_p}\right) \exp[\mathrm{j}\pi kt^2]$ 为基带线性调频子脉冲； T_r 为脉冲重复周期。信号的频率变化规律如图 1.4 所示。

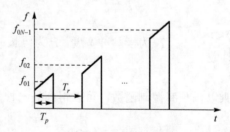

图 1.4　频率变化规律

(4) 频率编码+二相编码。

$$u(t) = \sum_{i=0}^{N-1} \mathrm{rect}\left(\frac{t - iT_r}{T_p}\right) \exp[2\pi f_{ci}t] \otimes \frac{1}{\sqrt{P}} \sum_{m=0}^{P-1} c_m \delta(t - mT_B)$$
$$= u_1(t) \otimes u_2(t) \tag{1.11}$$

式中， $u_1(t) = \sum\limits_{i=0}^{N-1} \mathrm{rect}\left(\dfrac{t - iT_r}{T_p}\right) \exp[2\pi f_{ci}t]$ 为频率编码信号； $u_2(t) = \dfrac{1}{\sqrt{P}} \sum\limits_{m=0}^{P-1} c_m \delta(t - mT_B)$ 为二相编码信号。

（5）非线性调频+二相编码。

非线性调频信号以正切调频信号为例，其表达式为

$$f(t) = w\tan\left[\frac{\pi}{T_N}\left(t - \frac{T_N}{2}\right)\right], t \in [0, T] \tag{1.12}$$

式中，T_N 为正切调频信号的时宽；w 为调频系数，相位表达式为

$$\phi(t) = 2\pi \int_{-\infty}^{t} f(t)\mathrm{d}t = 2wT_N\ln\left\{\cos\left[\frac{\pi}{T_N}\left(t - \frac{T_N}{2}\right)\right]\right\}, t \in [0, T] \tag{1.13}$$

则正切调频信号复数表达形式为

$$u(t) = \mathrm{rect}\left(\frac{t}{T_N}\right)\exp[\mathrm{j}\phi(t)] \tag{1.14}$$

而二相编码表达式的复包络可以表示为

$$v_b = V(t)\frac{1}{\sqrt{P}}\sum_{k=0}^{P-1} C_k\delta(t - kT_B) \tag{1.15}$$

式中，$V(t) = \begin{cases} 1/\sqrt{T_B}, & 0 < t < T_B \\ 0, & \text{其他} \end{cases}$；$T_B$ 为子脉冲宽度；P 为码长；C_k 为二相码。

如果在式（1.15）的 $V(t)$ 处乘以一相位调制函数，可以得到另一种脉间调制信号的复包络 $u(t)$

$$u(t) = V(t)\frac{1}{\sqrt{T_N}}\mathrm{rect}\left(\frac{t}{T_N}\right)\exp[\mathrm{j}\phi(t)]\frac{1}{\sqrt{P}}\sum_{k=0}^{P-1} C_k\delta(t - kT_B) = u_1(t) \otimes u_2(t) \tag{1.16}$$

式中，$u_1(t) = \mathrm{rect}\left(\frac{t}{T_N}\right)\frac{1}{\sqrt{T_N}}\exp\left\{2\mathrm{j}wT_N\ln\left\{\cos\left[\frac{\pi}{T_N}\left(t - \frac{T_N}{2}\right)\right]\right\}\right\}$ 为正切调频信号的包络；

$u_2(t) = V(t)\frac{1}{\sqrt{P}}\sum_{k=0}^{P-1} C_k\delta(t - kT_B)$ 为二相编码信号的包络。

1.2　分选与识别面临的挑战

1.2.1　信号幅度变化不规律

对于一维相扫雷达，在方位上雷达天线波束连续转动，在俯仰上天线波束在不同的波位顺次或编程扫描，侦察设备截获的雷达信号幅度包络起伏大。当侦察系统侦收到来自雷达天线主瓣的信号时，幅度大，侦收到来自副瓣的信号时，幅度小，因此幅度起伏跳变剧烈。当雷达天线的主瓣扫过侦察系统时，侦察系统截获的雷达信号幅度起伏特性

如图 1.5 所示,由图可知侦察系统截获到相控阵雷达的信号幅度包络变化大、大幅度的脉冲数偏少,幅度变化规律性差,难以直接将其应用到分选、识别中。

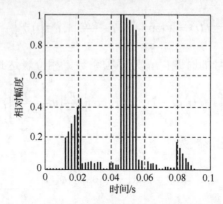

图 1.5　一维相扫相控阵雷达信号幅度信息图

对于水平和仰角均采用电扫描的二维相控阵雷达,其天线波束的指向可以自由灵活地改变,天线的扫描是根据监视空域和跟踪目标的分布情况设定的,其主瓣对侦察系统的照射无规律可循,主瓣照射时侦收信号幅度大,副瓣照射时侦收信号幅度小,幅度起伏剧烈。在不考虑副瓣侦察的情况下,即只有在雷达主瓣照射侦察系统时才能够侦收到雷达信号,侦收到的雷达信号幅度变化范围不大,但离散性强,信号幅度信息示意图如图 1.6 所示。由图 1.6 可知,侦收到雷达信号的持续时间为发射波束对侦察系统的照射时间,侦收到的连续脉冲数为雷达发射波束照射时间内发射的脉冲个数,因此信号幅度变化范围不大,但是数量少,通常为一个到几个,因此只利用从主瓣侦收的信号幅度特性分选、识别雷达辐射源信号的难度更大。

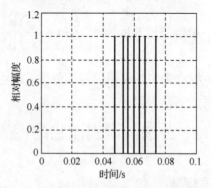

图 1.6　二维相扫相控阵雷达信号幅度信息图

1.2.2　工作频带宽变化多样

雷达发射信号的频率在工作带宽内以各种方式灵活变化,典型的有脉间伪随机捷变频、脉组伪随机捷变频、脉间和脉组自适应捷变频、随机捷变、频率分集等。以某 S 波段雷达发射信号的频率变化为例，如图 1.7 所示。这就要求侦察接收机的瞬时带宽足够大，能覆盖雷达的工作带宽。这对侦察系统截获信号提出了挑战，特别是给脉内调制特征分析的实现增加了难度。

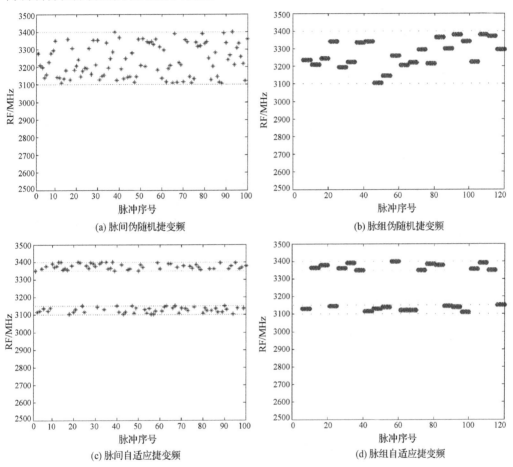

图 1.7 某雷达发射信号频率分布图

1.2.3 信号参数多变、快变

雷达可根据跟踪目标的具体情况选择工作模式，每种工作模式发射功率、工作频率、信号波形、脉冲宽度和重复周期等均不同，这使得侦察系统截获的雷达信号能量起伏加大，信号参数、波形变化快而复杂，截获和识别的难度加大。以外军某型雷达信号的重频为例，其既可以选择固定重频工作模式，又可以选择抖动重频工作模式，假定侦察接收机截获到两部雷达的发射信号，一部为工作在固定重频模式的雷达，假设其重频值大小为 300μs，另一部为工作在重频抖动模式的雷达，假设其重频值大小为 230μs，抖动量为 10%，利用经典的 PRI 变换算法对截获到的雷达信号进行重频估算，并通过估算出来的重频值进行雷达信号分选，利用 PRI 变换算法对接收到的脉冲信号处理后可得到图 1.8，由图可知接收到的雷达信号的 PRI 值分别为 230μs 和 300μs，重频值估算准确，可以进行有效的雷达信号分选，但假设雷达选择发射重复频率为 300μs，抖动量为 20% 的雷达脉冲信号，即工作模式由固定重频转换为抖动重频，侦察接收机利用 PRI 变换算法对接收到的脉冲信号处理后可得到图 1.9，由图 1.9 显然估算不出雷达信号的 PRI 值，从而无法实现准确的雷达信号分选，后续工作陷入被动。

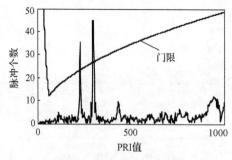
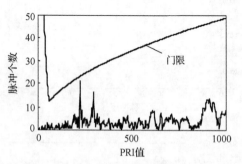

图 1.8　准确估算雷达信号的 PRI 值　　　　　图 1.9　无法估算雷达信号的 PRI 值

1.2.4　信号波形变化复杂

现代雷达均采用了低截获概率设计技术，信号波形复杂，占空比增大，且具有多种不同的信号波形可供选择，工作时可根据需要边搜索边跟踪，控制发射功率、波束指向、信号频率、波形等发射信号，以不同的接收机通道接收处理回波，同时获得搜索和跟踪信息，这使得侦察系统截获的雷达信号复杂性加大，识别辐射源难度加大。例如，外军某型雷达，信号波形可为正斜率线性调频或负斜率线性调频，且可单程或双程调制，每种情况还具有不同的调制带宽。又如，外军某型雷达，采用线性调频+二相编码的混合调制波形，其调制特点与线性调频信号十分相似，利用一般的时频分析方法难以准确分析、估算其调制样式与参数。假设线性调频信号的开始频率为 30MHz，带宽为 2MHz，脉宽为 10μs，信噪比（Signal Noise Ratio，SNR）为 5dB，利用时频分析方法可获得其时频关系，如图 1.10 所示；假设另一线性调频+二相编码信号的开始频率为 30MHz，带宽为 2MHz，脉宽为 10μs，编码规律为二相巴克码，信噪比为 5dB，利用时频分析方法可获得其时频关系，如图 1.11 所示。

观察两图发现，利用时频分析方法提取线性调频信号的时频图与线性调频+二相编码信号的时频图较为相似，即利用线性调频+二相编码信号模拟线性调频信号具有一定的欺骗性，这对雷达辐射源信号的分选、识别显然是十分不利的。

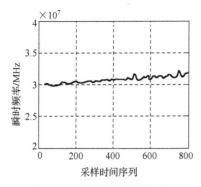

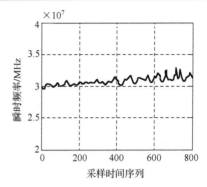

图 1.10 线性调频信号的时频图　　　图 1.11 线性调频+二相编码信号的时频图

1.2.5 信号特征日益隐蔽

现代雷达具有多种工作模式，且可从一种工作模式直接跳变到另一工作模式，这进一步加大了侦察系统识别其工作模式的难度。

以外军某型雷达为例，假设其频率工作范围为 1.215～1.4GHz，有 20 个频点可供伪随机选择，其脉宽有 4 个可供防空警戒时或近程空中支援、辅助导航和拦截控制时选择使用。对于侦察系统，当雷达辐射源信号的频率、脉宽等参数跳变、快变时，在分选时极易造成"分批"现象。在某次实际侦察到的雷达信号脉冲串中，统计得到其跳变的频率点有 14 个，脉宽有 4 个，选择其中的 10 个信号，给出其频率与脉宽的二维显示图如图 1.12 所示，图中横坐标为频率值，纵坐标为脉宽值，由图 1.12 可知，10 个信号的频率值依次为 1236MHz、1248MHz、1291MHz、1340MHz、1356MHz、1372MHz、1389MHz、1400MHz、1275MHz 和 1291MHz，各不相同，脉宽值为 51μs、103μs、410μs 和 820μs，交替产生，信号参数不仅跨度较大，分布规律也难以发现，这给分选与识别带来了较大的困难。

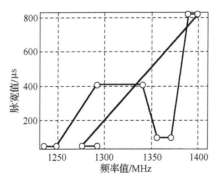

图 1.12 频率与脉宽的二维显示图

如果仅利用常规参数进行分类，则像图 1.12 这类情况即便在分类器"容差"设置较大的情况下也无法准确实现分选，极易产生"分批"现象。

此外，三坐标有源相控阵技术使得雷达具有搜索、跟踪和攻击引导等多种功能，其搜索加跟踪的工作模式使其可在这些功能之间交替工作，即根据当前目标的情况控制发射波束的数量、照射功率、时间、信号参数及波形样式等，在确保攻击引导精确、跟踪目标信息连贯的同时，对监视区域继续进行搜索。雷达对目标的照射也是间断进行的，而雷达具有超低副瓣特性，平均副瓣可达−50dB，因此侦察系统所截获的雷达信号幅度起伏剧烈。这一方面造成侦察系统截获雷达信号的困难，要求侦察系统必须具有高灵敏度、大动态范围、宽瞬时带宽、大参数测量范围及同时到达信号的强截获能力等；另一方面信号特征的隐蔽性使得侦察系统难以识别雷达及其工作模式，这就要求侦察系统必须设法提取更多、更有效的信号特征，改进信号处理的方法和算法等。

1.3　分选与识别的现状与趋势

对雷达辐射源信号分选与识别主要基于雷达信号的特征参数和分类器来完成。传统的雷达辐射源信号分选与识别主要是利用信号的常规参数进行，如到达时间、到达角、载频、脉宽和脉幅等五大参数。从 1.1 节和 1.2 节的分析可以看出，在现代电子战环境中，侦察接收机所处的信号环境越来越密集，越来越复杂。一方面，新型体制雷达所占比例越来越大，随着雷达的反干扰、反侦察技术日趋成熟，雷达的波形设计以及工作参数丰富多变；另一方面，随着各国对电子战的日益重视，电子对抗辐射源的数目急剧增加，信号密度已达到数百万至数千万个脉冲每秒。因此，仅利用传统参数已不能很好地揭示雷达特征的本质，难以实现雷达辐射源信号的准确分选与识别。为了适应现代新体制雷达辐射源信号分选与识别的需要，脉内特征参数成为研究的热点。下面重点介绍脉内特征参数和分类器的研究现状与趋势。

1.3.1　脉内特征参数

1. 脉内有意调制特征的挖掘

国外最早的信号脉内特征分析技术可以追溯到 20 世纪中期。1946 年，匈牙利的物理学家 Gabor 提出了著名的 Gabor 变换，为信号的时频分析拉开了序幕[1]。Potter 等在 1947 年首次提出了一种实用的时频分析方法——短时傅里叶变换(Short Time Fourier Transform，STFT)[2]。1948 年，法国学者 Ville 将 Winger 在 1932 年提出的 Winger 分布引入信号处理领域，后人为纪念此经典算法，将其称为 Winger-Ville 分布[3, 4]。在此后的半个多世纪里，大多数的信号脉内特征分析算法都在上述方法的基础上展开，或改进不足，或综合运用。1976 年，Kodera 等首次提出了时频重排算法，有效提高了时频谱图的分辨率和凝聚性[5, 6]。文献[7]对 Kodera 等提出的时频重排算法公式进行了改进，使其应用范围得到了进一步的推广。1982 年，小波变换算法被提出，这一创造性的思想是由法国物理学家 Morlet 提出的，后经其他几位法国学者的不断完善，使之成为了一种基础坚实、应用广泛的信号分析工具[8]。

到了 20 世纪 80 年代中期，国外开始雷达信号脉内特征分析技术的研究，90 年代开始配备脉内特征提取分析设备。Atlas 等最早提出了时频核设计方法，用于信号的分类，首先利用算子理论构造核函数，然后直接以信号的时频分布关系作为识别特征，通过设计优化的时频核来识别辐射源信号，文献中的仿真结果显示该方法具有较好的识别性能，可以有效地区分不同调制类型的信号。文献[9]、[10]通过对 STFT 进行迭代，提出了一种基于 L-Wigner-Ville 分布的新方法，该方法可以有效抑制交叉项，并具有良好的时频聚集性。文献[11]提出运用中心放射滤波器来抑制魏格纳-维尔分布（Wigner-Ville Distribution，WVD）的交叉项，文献[12]则将傅里叶-贝塞尔展开式和 WVD 变换相结合，获得另一种改进的 WVD 算法。文献[13]提出了一种核分布，通过理论分析与仿真比较，发现算法可以有效改进时频域的分辨率，交叉项也得到了较好的抑制。文献[14]对经典的短时傅里叶变换算法进行了研究与改进，提出了一种性能更加优异的自适应短时傅里叶变换算法。上述几种算法主要是在经典算法的基础上进行改进，获得某个方面的突破或完善。综合运用经典算法以获得信号脉内特征参数的方法也是层出不穷，例如，Moraitakis 等采用时频分布和小波变换相结合来提取线性调频和双曲线调频信号的脉内调制特征，文献中的仿真结果显示该方法在低信噪比的情况下具有良好的性能，信噪比在 0dB 时提取的特征就已经趋于稳定[15]。Mirela 等提出将 Gabor 谱图与 WVD 变换进行组合运用，以达到取长补短的效果[16]。Boashash 等则对几种双线性时频分布算法的性能进行了综合研究，尤其是在频域分辨率上的性能，得到了一些有参考价值的结果[17]。随着信号脉内特征提取技术的不断发展，除了在雷达信号处理领域，在机械、语音以及医学等领域，一些性能优异的算法也逐渐被运用。例如，2008 年 Uyar 等提取采集信号的小波范数熵，基于小波神经网络实现电能质量（power quality）信号的自动分类。2009 年，Yildiz 等将离散小波变换（discrete wavelet transform）和熵信息进行了合理使用，首先利用离散小波变换将脑电波信号分解到不同的频段，然后逐个提取熵信息，最后基于神经网络和先验知识实现脑电波信号状态类别的判定，解决了医学领域的一大难题。

就特征提取算法而言，国内学者和研究人员的常用方法有时域自相关法[18]、调制域分析法[19]、谱相关法[20]、数字中频处理法[21]、小波变换法[21]以及时频分布法[22]等，这些方法都是通过对采样信号的某种变换，提取出信号的脉内特征参数。文献[21]介绍的时域自相关法通过计算信号的时域自相关函数来区分不同雷达信号，该方法实时性强、原理简单、易于工程实现。缺点是无法对多相编码、非线性调频和脉内频率编码等信号的脉内特征进行提取，对雷达辐射源信号的特征参数无法测量。文献[22]介绍的调制域分析法是利用脉冲雷达信号相邻两个上升零点之间的相位差这一原理，通过测量上升零点数值和相应的时刻来获得时间、频率和相位信息，该方法能够提取各种复杂的脉内调制，而且具有分析脉内无意调制的能力，但是该方法对测量器件的工艺水平和测量方法提出了很高的要求,当信噪比较低时,分析精度严重下降。文献[23]对传统的小波变换方法进行了改进,可在信噪比较高时,实现信号脉内特征参数的准确提取,但在信噪比较低时,精度不高。

大半个世纪以来,国内外研究人员常用的脉内特征提取算法主要是提取信号的时频、时相等关系,以达到信号分选或者识别的目的。近些年,诸如相像系数、熵值、复杂度以及时频原子等脉内特征参数应运而生。这些特征参数提取简单、可适用性强,能够有效区分不同调制类型的雷达辐射源信号,是较为理想的脉内特征参数。例如,文献[24]在相像系数的基础上,进一步给出了 Holder 系数的定义,描述了基于 Holder系数的特征提取算法,并通过实验结果验证了 Holder 系数法的良好特性。文献[25]在频域上同时提取信号的复杂度特征和稀疏性特征,利用二者实现雷达信号的分选和识别。文献[26]将高阶谱和相像系数综合运用,可以在 0dB 时准确实现八类复杂雷达辐射源信号的分选与识别。

随着各种具有复杂调制的雷达信号的出现以及信号环境的日益恶劣,上述脉内特征提取算法逐渐暴露出对噪声敏感、适用信号类型有限等缺点。因此,如何能够从信号波形数据中挖掘出稳定性和可分离性俱佳的脉内有意调制特征参数迫在眉睫。

2. 脉内无意调制特征的挖掘

脉内无意调制特征是因雷达电路和器件的不同附加在雷达信号上的某种特性,也称为指纹特征或个体特征,是一部雷达固有的属性,可用于辐射源个体识别(Specific Emitter Identification,SEI)。因此,对雷达辐射源信号脉内无意调制特征的提取在电子战领域有着特殊意义。也正因为其特殊的应用价值,以及军事保密,很难了解到国外与此有关的核心技术,但从各种报道、国防预算以及商业宣传中,仍然可以从中大致了解到国外脉内无意调制特征的发展情况,尤其是走在该技术领域前沿的美国。

20 世纪 60 年代中期,美国政府正式提出了信号指纹识别的需求,目的是指示移动的发射机目标。随着需求的发展,SEI 的概念逐步形成,信号脉内无意调制特征提取技术也随之发展起来,成为了 SEI 的核心技术。同一阶段,美国军方提出了对辐射源个体目标进行识别和跟踪的迫切需求,多家来自工业和军方的实验室对此进行了深入的研究。美国国家安全局对这些研究进行了全面的测评,认为海军研究实验室的辐射源个体识别技术拥有最佳的理念和性能,并于 1995 年 6 月发布了官方消息,选择海军研究实验室的识别处理器作为脉内无意调制特征采集的标准。在 2000 年,美国海军的预算报告中支持的第一项研究计划就是 SEI 技术,报告称美国海军研究局对此技术已进行了十多年的研究,截至 2000 年,美国海军已经有 20 套此类系统研制成功,并装备在巴尔干地区的美国海军部队。

美国的 Northrop Grumman 公司在 SEI 技术方面拥有领先的技术。该公司对 SEI技术展开了 40 多年的研究,开发了一系列的军用和民用 SEI 系统。在民用领域,指纹的概念已被拓宽到磁条、信用卡的电子信号上,用于辅助的安全认证。随着移动电话业务的发展，SEI 技术也被国际海事通信卫星系统 Inmarsat System 所采用，用于确认终端用户；在军事领域，SEI 技术主要用于情报搜集，并服务于电子对抗行动。近年来，Northrop Grumman 公司开始与美国海军合作，为 EP-3C 侦察机研发 ALR-95（V）I 型 SEI 系统，用于识别可能携带核武或化学武器的重要船只上的特定辐射源，该系统可以自动或手动对接收机输出的视频和中频信号的时、频域参数进行测量，具备一定的辐射源目标精确识别能力。之后，又为 E-2C 预警机上的 ALQ-217 电子支援系统开发了 SEI 功能，用于对辐射源目标进行无源探测和威胁告警、获取电子情报、形成电磁态势。从 2001 年开始，美国海军首批投资 800 万美元用于在 ALQ-217 中增加 SEI 的功能，后来又进行了持续投资，以使所有设备都具备 SEI 功能。英国的 QinetiQ 公司、美国 Litton 公司也进行了长期的 SEI 技术研究和系统开发，其中 Litton 公司应用技术部从 1991 年起就从事以导航雷达信号为对象的指纹分析技术的研究，QinetiQ 公司研制了 CELT Mariner RWR 船用告警器。Raytheon 公司、Northrop Grumman 公司和 Lockheed Martin 公司联合研制的 AN/SLQ-32（V）电子支援系统也声称具备 SEI 功能。美国空军、海军等多个部门联合组织研制的 TechSat 系列卫星，一个重要的功能是进行目标指示实验，其核心之一就是提供特定辐射源识别服务。在欧洲，德国研制的"欧洲鹰"无人机计划也提出了指纹识别的概念，该计划将实现对同时工作的两部同型号辐射源的区分。捷克的维拉（VERA-E）系统也声称具有"精密的指纹识别能力"。SEI 的军事价值正在得到进一步重视和挖掘。近年来，美国新建立了名为 MASINT 的情报体系。MASINT 的一个重要的组成部分是 RF MASINT，实际上就是 SEI 技术的延续。RF MASINT 关注的信号已不仅是传统的雷达和通信信号，还包括电源系统、电子开关等器件的非有意辐射（Unintentional Radiation Emitter，URE）信号，其最终目的就是获得能反映目标身份的指纹信息。

就提取脉内无意调制特征以实现 SEI 的算法而言，Langley 指出由于各种类型的雷达参数重叠、相互覆盖，利用常规参数分辨不同属性目标的难度越来越大，脉内无意调制特征由于反映了辐射源发射机的物理特性，可以作为常规参数信息的补充应用到 ESM 系统中[27]。文献[28]进一步指出，SEI 的关键就是提取信号的脉内无意调制特征。其中，文献[29]给出了提取信号时、频域特征以及信号分类方面的一些观点，并用上升/下降时间、上升/下降角度、倾斜时间等新参数对 9 个同类辐射源进行分选识别，实验结果表明这些特征组成的特征向量能获得比基本的载频、重频和脉宽三参数构成的特征向量有更好的识别效果。Kawalec 等提出了使用雷达脉冲信号的上升、下降沿时间／陡度以及调频斜率作为脉内细微特征，这些方法主要在中频处理，利用的是基带和中频范围内的无意调制，实际上发射机还存在很多工作频带以外的射频特征可以利用[30]。文献[31]则采用二次辐射特征与基本的参数结合进行雷达辐射源信号的特定识别，取得了良好的效果。2007 年，Carroll 指出放大器的无意调制是雷达射频特征的主要来源之一，并采用相空间微分方法，对放大器的非线性无意调制进行了分类研究，但其方法仅限于放大器激励信号相同且恒定的情况，而许多实际雷达系统中都存在功率控制[32]。同年，Stottler 等在文献中声称，他们为美国海军开发了一种名为 Intelligent Surface Identification System 的系统，可利用脉内无意调制特征有效进行雷达辐射源目标的分类和识别[33]。

国内在信号脉内无意调制特征提取技术方面的研究起步较晚，尤其与欧美等国的差距较大。自 20 世纪 90 年代以来，国内的多个研究所，以及西安电子科技大学、国防科学技术大学等开始跟踪国外的报刊报道，对脉内细微特征、雷达信号指纹分析的概念和可能采用的方法进行了广泛探讨，但研究还不够系统深入[34-37]。

最近几年，国内多家研究单位开展针对雷达、通信电台、敌我识别器等辐射源的指纹识别实验研究，发现了多种可用的分类特征。国防科学技术大学某实验室在对某型脉冲体制雷达辐射源的指纹识别实验中，采用瞬时频率曲线特征取得了较好的效果[34]。文献[35]认为雷达脉冲信号的中频波形包含无意和有意的调制信息，在无多径影响并且有意调制特征相同的情况下，不同辐射源的中频信号差异可以作为脉内无意调制特征使用。文献[37]在 Carroll 等的基础上，首先介绍了放大器的非线性模型，然后在此基础上分析了多个谐波幅度的约束关系，并给出一种谐波约束的参数估计方法，最后通过计算机仿真对所提方法进行验证。文献[22]选择双谱对角切片作为脉内无意调制特征。文献[38]在文献[22]的基础上进行了改进，通过双谱 Walsh 变换来抑制双谱特征中的一些冗余信息，较大程度地提高了算法的使用性能。文献[39]则将图像处理领域的技术应用到脉内无意调制特征的提取中，通过提取双谱投影图中的 SIFT 特征实现雷达辐射源信号的唯一识别，并通过仿真验证了算法的优异性能。

尽管上述方法和实验结果令人鼓舞，但总体上国内的研究离实用化还存在较大的距离，尤其在无意调制特征提取和选择上，还存在着很多尚未解决的问题和很大的研究空间。

3. 脉间调制特征的挖掘

脉间调制特征是从分选后的脉冲串中提取出来的特征参数，大致包括载频、重频、脉宽、脉幅、到达角、天线扫描周期等。利用脉间调制特征参数可获取敌方雷达的体制、用途和型号等信息，从而掌握其相关武器系统及其工作状态、制导方式，了解其战术运用特点、活动规律和作战能力，也可简单概括为：脉间调制特征参数主要用于识别雷达辐射源的工作体制和工作模式[40, 41]。

国外雷达对抗技术人员早在 20 世纪 70 年代就开始从事脉间调制特征提取方面的研究，以实现雷达辐射源工作体制和工作模式的识别。最初的脉间调制特征参数主要是载频、重频、脉宽、脉幅、到达角等五大常规参数，特征参数的形式比较单一，应用范围也尚未拓展到识别雷达辐射源的工作体制和工作模式。在五大常规参数中，重频的应用最为广泛[42-45]。Mardia 利用重频构建了累计差直方图算法，用于雷达辐射源信号的分选处理[42]；由于其运算量较大，Milojevic 等对其进行了改进，形成了序列差直方图算法[43]。这两种算法以计算接收脉冲的自相关函数为基础，由于周期信号的相关函数仍是周期函数，所以很容易出现信号的重频及其整数倍值(称为子谐波)同时存在的现象。因此在 1993 年，Nelson 提出了经典的 PRI 变换算法，该方法通过构造相位因子来有效抑制子谐波，取得了突破性的进展。但是 PRI 变换算法只适用于分选重频形式十分单一的雷达辐射源信号，对于重频抖动形式的雷达辐射源信号无能为力[44]。日本学者 Kenichi 等对其进一步改进，使 PRI 变换算法的适用范围大幅提升[45]。随着时间的推移和军事需求的不断提高，重频等脉间调制特征参数的应用范围逐渐扩大。1999 年，Noone 从接收到的脉冲到达时间序列里(长度为 N)，提取出 $N-2$ 维的特征向量作为分类器的输入值，实现雷达辐射源信号重频调制模式的自动识别。该方法有效解决了小样本数据的识别问题，但输入向量的冗余性较大[46]。为了对输入向量进行降维，简化算法的复杂性，文献[47]提出了一种基于 S_p 向量曲线的特征提取算法。根据雷达信号脉冲序列的特点，该算法应用一定的数学变换从雷达信号脉冲序列中提取频率特征，构成二维特征向量，实现雷达信号重频模式的自动识别。仿真结果表明算法有效可行。2001 年，Granger 等将脉幅、脉宽和载频等参数组合成多维特征参数，然后基于神经网络，实现不同雷达辐射源型号的识别[48]。Shieh 等将脉间调制特征参数的范围进一步扩大，组合使用载频、脉宽、脉冲重复间隔、辐射源到达方位角等多个参数，然后使用神经网络识别雷达辐射源信号的相关属性[49]。为了判别复杂电磁环境下敌方雷达的威胁等级，加拿大学者 Ienkaran 等提出了雷达字(radar words)的概念[50-52]，该雷达字可由多维元素组成，其中的每一维元素可以大致反映某段时间里雷达脉冲信号序列的特定属性，然后基于网格滤波算法估计出敌方雷达的相关工作模式，实验结果证明该方法有效可行，具有一定的参考价值。

利用脉间调制特征识别雷达辐射源的工作模式时，除了特征参数，还需要相关的识别算法，如模式匹配、证据理论以及神经网络等，国内学者和科研人员在研究脉间调制特征参数的提取以及雷达辐射源工作模式的识别上主要经历了两大阶段[53-63]。第一阶段为模式匹配法。简单来说就是知识库比较查询的方法，将接收信号与先期收集的雷达数据库进行比较，根据判决规则进行雷达类型识别，此阶段所用的特征参数主要是载频、重频、脉宽、脉幅、到达角等五大常规参数。第二阶段为数据融合和人工智能，其中人工智能主要包括专家系统和神经网络。D-S 证据理论是较为经典的数据融合方法，在 20 世纪 70 年代被提出。在数据融合中通常将不同的参数按照一定的可信度分配融合到一起，通过一定判决规则进行决策识别。在融合过程中，选择的脉间特征参数至关重要，文献[53]采用的特征参数包括：载频、脉宽、脉冲重复频率和脉冲上升沿时间，文献[54]、[55]采用载频、脉冲重复频率、脉宽和天线扫描周期作为特征参数，文献[56]采用的特征参数包括：射频、重频、脉宽和极化方式。人工神经网络的记忆能力、容错能力，尤其是对复杂模式和未知模式优秀的分类能力，使其迅速应用到各个领域并取代推理规则复杂、知识获取困难的专家系统。同样，输入网络的脉间调制特征参数将决定最终的识别准确率。文献[57]采用载频、重频、脉宽作为人工神经网络的输入向量；文献[58]将载频、脉冲重复频率和脉宽，经过模糊化处理作为特征向量；

文献[59]采用载频、脉宽、重频和天线扫描周期作为输入向量；文献[60]将载频、脉宽、重复频率作为特征向量。为了提高人工神经网络对雷达辐射源信号的识别能力，小波包理论、模糊理论等被用来对输入值进行一定处理，然后用人工神经网络对信号进行识别[61, 62]。文献[63]将重频的工作模式作为识别的特征参数，获得了令人满意的结果。

上述脉间调制特征参数与雷达辐射源的工作体制和工作模式有着必然关联，但难以仅利用其中一种参数全面描述雷达的工作模式，挖掘出更多、更佳的脉间调制特征参数也将是电子战的一个重要研究方向。

4. 特征参数的评估

特征评估是指对通过数据挖掘手段获得的复杂雷达信号的特征参数进行性能评估。当前可用于雷达辐射源信号分选与识别的特征参数多而杂，需要通过科学合理的方法对它们进行评估与优化处理。

对特征参数的性能进行评估是一个新的研究点，目前在这方面的具体的研究理论和方法相对较少。在电子战领域，评估应用较早和较多的是在电子对抗作战效能评估和自动目标识别效果等方面，它们的一些思想和数学手段值得借鉴。美国的 Arnold 在 1995 年提出了一种评估目标识别效果的方法，首先给出计算自动目标识别系统的算法，然后在输入误差估计器之前将数据大致分为几种模式，并引用非参数贝叶斯误差估计器，通过使用模式分类器将数据系列在输入误差之前规划为多个模式的数据系列，从而评估自动目标识别系统产生的误差[64]。在 20 世纪 90 年代，美国的一些研究所研制出一些具备评估作用的评估软件。这些软件可以对自动目标识别效果做出刻画。有的采用 ROC（Receiver Operation Curve）曲线来刻画识别率；有的在实验室中拟合目标所处的不同背景以评估系统性能[65]。文献[66]提出了一种基于决策分析技术的评估方法，该方法有助于规范自动目标识别技术的评估。该文献的分析模型产生两个分支，一部分的构架为评估者使用，另一部分的构架为作战人员使用。分析模型为每一个自动识别系统打分，而作战模型在作战评估构架中将性能评估转换成有效性评估。文献[67]提出使用一些概念来区别具备不同性能表现的自动目标识别方法。文献在评估时形成两类体系的概念：一类是关于效果的概念，主要包括准确性、可扩展性、可用性以及稳健性。这种评估效果的概念倾向于牺牲考虑测试数据、训练数据和模型化条件下数据的相互关系。另一类概念侧重于考虑代价，包括有效性、可测量性和合成训练能力。

国内在特征参数的性能评估方面的研究也尚处于起步阶段，西南交通大学的 Zhang 等对特征参数的优化方法进行了研究[68-71]。严格来讲，特征参数的优化更多考虑的是参数信息的冗余性，只是特征参数性能评估中的一部分，还算不上是理想的参数评估。目前比较有效的特征优化方法有：基于满意特征选择法、基于粗集理论的特征选择法和基于主成分分析的特征选择法[72-74]。满意优化是针对最优解根本不存在或难以把握的优化问题，或者存在最优解但无法求得或求解的代价太大的优化问题而提出来的。满意优化摒弃了传统的最优概念，强调的是"满意"而不是"最优"，它将优化问题的约束和目标融为一体，将性能指标要求的满意设计与参数优化融为一体，具有很大的适用性和灵活性。粗集理论是一种处理不完整不精确知识的新型数学工具，是当前备受关注的一种软计算基础理论。粗集理论无须任何先验知识和外部信息便能从大量数据中挖掘出决策规则，揭示出属性间的关联关系并删除冗余属性，而且采用粗集理论导出的决策规则易于理解，所以，粗集理论自 1982 年由 Pawlak 提出以来，已在多个领域得到了广泛应用，这些领域包括知识发现、故障诊断、机器学习、模式识别、数据约简和决策支持等。近年来，粗集理论已被引入雷达辐射源信号识别中，从若干雷达辐射源信号特征组成的原始特征集中去除冗余特征，发现最重要的特征子集[75, 76]。主成分分析是通过投影的方法，将高维数据以尽可能少的信息损失投影到低维的空间，使数据降维以达到简化数据结构的目的。它也是将多个相关变量以尽可能少的信息损失为原则，综合化为几个不相关变量的方法。

上述几种方法都是通过单一的指标对特征参数进行评估，如利用满意度、冗余性、相关性等指标。由于当前的战场电磁环境具有复杂性、密集性和多变性等特点，仅利用单个指标对特征参数进行评估显然不够全面，基于多指标的评估方法势在必行。

1.3.2 分类器

分类器设计一直是模式识别领域的主要研究内容之一。目前，已有多种分类器被广泛应用，主要有基于贝叶斯决策理论的分类器、线性分类器和非线性分类器。由于从雷达辐射源信号中提取的特征参数是非线性的，所以对雷达辐射源进行识别的分类器研究主要集中在非线性分类器方向，而神经网络和支持向量机(Support Vector Machine, SVM)因其对非线性类具有良好的分类效果，一批学者致力于神经网络和支持向量机的研究，以设计出更适合于雷达辐射源信号识别的分类器。例如，Zhang 等首次将神经网络和支持向量机应用于雷达辐射源信号识别中[77]，并提出粗集神经网络和复合支持向量机算法，实验结果证明，支持向量机的识别准确率要高于神经网络；张国柱等在多对多 SVM（All vs All SVM, AVASVM）的基础上提出以各个二类别决策的可信度作为权重分类修正结果的加权 AVA 算法[78]（Weighted All vs All, WAVA），提高了传统 SVM 的稳健性和泛化能力；传统的支持向量机在新加入训练数据时，需要与原有训练数据一起进行训练，导致训练时间复杂度高，因此 Syed 等提出增量支持向量机以减少训练时间复杂度[79]；针对增量支持向量机存在误删训练数据和保留平常数据的问题，Shinya 等提出了一种改进的增量支持向量机[80]，该方法应用最小超球体确定平常数据，取得了良好的分类效果，但该方法对特征参数聚集性能要求较高，对于分布较为分散的数据，其分类效果可能不甚理想；针对上述问题，余志斌提出了增量模糊支持向量机[81]，该方法根据不同训练样本距离类中心差异和样本间的亲疏程度，赋予每个分类样本不同的类隶属度，实验表明，该方法具有更好的识别精度和鲁棒性，并具有更小的时间代价；针对雷达辐射源信号环境复杂导致的正确识别率较低的问题，关欣等构建了基于多种核函数支持向量机的雷达辐射源分类器[82]，通过在不同噪声环境下进行仿真实验，证明了支持向量机理论在雷达辐射源识别中的有效性，并比较了多种核函数支持向量机的识别效果。

由上述分析可知，以神经网络和支持向量机为代表的非线性分类器及其改进算法对复杂环境下雷达辐射源信号识别都具有很好的效果，但很少有文献对应用于雷达辐射源信号识别的分类器的核参数、惩罚系数等分类器参数选择进行研究，也没有对所设计的分类器进行合理的评估。以往对分类器的评判标准只集中在分类准确率和分类时间等少数几项指标上，并不能选择合适的分类器进行雷达辐射源信号识别。目前，在分类器性能评估领域，应用最广泛的评估方法是接收机操作特性（Receiver Operating Characteristic，ROC）曲线及其下面积（Area Under Curve，AUC）[83-86]。文献[83]详细分析了 ROC 方法及其计算步骤，并通过与不同评价标准的比较体现出 ROC 方法在分类器性能评估方面的优越性；文献[87]将 AUC 作为评价标准，通过计算 AUC 的大小来判断分类器性能的好坏；文献[84]、[85]、[88]、[89]通过实验将 AUC 方法与准确率方法进行了比较，证明 AUC 方法要优于准确率方法，但此时的 AUC 方法只适用于二类分类情况；而文献[90]提出一种 B-AUC 方法，该方法根据二叉树思想，将多类分类问题转化为二类分类问题，有效地解决了 AUC 不能应用于多类分类的问题；针对 B-AUC 方法的不足，文献[91]利用完全二叉树的思想，提出一种 BO-AUC 方法，并通过 MBNC 实验平台验证了该方法的有效性；文献[92]对 AUC 方法进行了综述并讨论了未来发展的方向。ROC 和 AUC 方法是一类通用的分类器性能评价方法，但对于 SVM 泛化能力[93]及性能研究有专门的手段和方法，主要有 K-折交叉验证（K-fold Cross Validation，K-CV）和留一法（Leave-One-Out，LOO）误差两大类。K-CV 由 Vapnik 于 1998 年首次提出[94]，是应用最早、最经典也是最广泛的评估 SVM 泛化性能的方法。该方法首先将特征参数分成 K 组，取其中的 $K-1$ 组进行训练，之后用留置的一组进行测试，并将该过程循环 K 次，使得每组数据都进行测试，将测试结果的误差作为 SVM 泛化能力的评价标准，K-CV 又称为 LOO，而 K-CV 的误分率称为 LOO 误差。研究表明，LOO 误差具有无偏一致性，因此可以将其应用于评估 SVM 的泛化性能，但 LOO 误差计算开销较大，研究人员对其进行了详细的研究，并取得了许多优秀的成果，如半径-间隔（Radius-Margin，RM）界[95]、Joachims 上界[96]、Jaakkola-Haussler 上界[97]等，文献[95]对 RM 界的优化方法进行了研究，并证明其有效性；文献[96]、[97]分别用不同的方法推导了 Joachims 上界和 Jaakkola-Haussler 上界，并证明了这两个上界在评估 SVM 泛化性能方面的有效性；文献[98]证明了在 RBF（Radial Basis Function）下，Joachims 上界和 Jaakkola-Haussler 上界是等价的，并通过对 Joachims 上界分析，提出一种改进的 Joachims 上界，通过实验验证了改进的 Joachims 上界比其余两种上界更接近于 LOO 误差。

由研究现状看，对雷达辐射源信号识别分类器评估方法的研究成果不多。因此，如何将其他领域的研究成果应用于雷达辐射源信号识别分类器性能评估是值得研究的问题。上述方法均利用识别结果及其变换形式对分类器进行评估，并没有从分类器的本质对其性能进行评估，这将是本书研究的重点内容。

1.4 主要内容与章节安排

现代雷达辐射源信号分选与识别的方法概括起来主要有两大类：基于单参数的分选与识别、基于多参数的分选与识别。

基于单参数的分选与识别技术，通常是基于空域的到达角和频域的载频进行稀释预处理，即是预分选(在实际侦测信号的过程中，操作人员通常也会选定空域范围和频域范围以达到剔除无用信号的目的，此过程可认为是信号的预处理)，然后基于时域的PRI 进行主分选，也就是最终的分选，这是当前应用最为广泛的分选技术，称为基于 PRI 的单参数分选。分选完成后，再基于载频、脉宽等相关参数进行识别，整个过程是串行的。这部分内容在第 2 章进行着重介绍。

基于多参数的分选与识别技术，是将 PRI 与载频、到达角以及脉内调制特征等其他参数结合起来，形成多参数，然后基于分类器同步完成分选与识别。基于多参数的分选与识别技术是当前的研究热点，特别是随着当前实际应用需求的多样化、复杂化，在分选与识别的基础上增加评估环节，使整个过程形成闭环成为发展趋势，其流程如图 1.13 所示。主要包括脉内特征参数的提取与评估技术(第 3～4 章研究内容)、分类器的评估与选择(第 5 章研究内容)、分选识别效果评估(第 6 章研究内容)以及雷达辐射源工作模式识别(第 7 章研究内容)等关键技术。

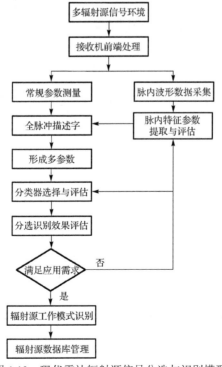

图 1.13 现代雷达辐射源信号分选与识别模型

本书主要围绕现代雷达辐射源信号分选与识别的关键技术展开研究，具体如下。

第 1 章首先围绕现代雷达辐射源的技术特点和信号变化样式，对现代雷达辐射源的特点进行了分析，探讨了现代雷达辐射源分选与识别面临的挑战，并对当前雷达辐射源分选与识别的关键技术进行了综述与展望。

第 2 章介绍了当前分选的主要应用技术，即 PRI 分选。首先介绍了传统的直方图分选技术，包括统计直方图、累积差直方图以及序列差直方图；其次描述了平面变化技术；分析了 PRI 变换算法的原理和运算量；最后介绍了一种基于序列差直方图和 PRI 变化相结合的分选方法，并简要分析了利用 PRI 分选存在的缺陷。

第 3 章介绍了雷达辐射源信号分选与识别常用的脉内特征参数提取方法，分别是瞬时自相关算法、傅里叶变换法、短时傅里叶变换法、魏格纳-维尔分布以及小波变换法；然后分别从频域、时频域和变换域介绍了三种较为新颖的脉内特征参数，并基于仿真实验对参数的性能进行了详细分析。

第 4 章首先介绍了常用的雷达辐射源信号脉内特征参数评估方法，包括满意特征选择法、粗集理论以及主成分分析法；分析了基于多指标的特征参数评估方法以及它的改进方法，并通过大量实验来验证方法的有效性。

第 5 章围绕 SVM 分类器的评估与选择进行分析研究，讨论了核函数及其对 SVM 的影响，介绍了一种基于多指标的核函数综合评估与选择方法，分析了基于智能优化算法的 SVM 模型参数寻优方法，研究基于多指标的 SVM 算法性能评估。

第 6 章着重介绍了雷达辐射源的识别效果评估，依次围绕识别率测试结果、评估指标的构建以及评估指标的计算三个方面进行分析，并基于模糊综合评判法进行了实验验证。

第 7 章主要研究了雷达辐射源工作模式识别的关键技术，对雷达辐射源工作模式进行识别，是电子对抗侦察工作中由参数分析向战术分析转变的一个基本途径。首先介绍基于重频的工作模式识别，然后分析了基于脉幅的工作模式识别，最后探讨了基于数据率的工作模式识别。

参 考 文 献

[1] Gabor D. Theory of communication. Journal of the Institute of Electrical, 1946, 93: 429-457.

[2] Potter R K, Kopp G, Green H C. Visible Speech. New York: Van Nostrand, 1947.

[3] Ville J. Theorie et applications de la notion de signal analytique. Cables et Transmissions, 1948, 2A: 61-74.

[4] Wigner E P. On the quantum correction for thermodynamic equilibrium. Physical Review, 1932, 40: 749-759.

[5] Kodera K, Gendrin R, Gendrin R. A new method for the numerical analysis of time-varying signals with small BT values. Phys Earth Planet Interiors, 1976, 12: 142-150.

[6] Kodera K, Gendrin R, De V C. Analysis of time-varying signals with small BT values. IEEE Trans, Acoust, Speech, Signal Processing, 1986, 34: 64-76.

[7] Auger F, Flandrin P. Improving the readability of time frequency and time-scale representations by the reassignment method. IEEE Transaction on Signal Processing, 1995, 43: 1068-1089.

[8] Morlet J, Arens G, Fourgeau E, et al. Wave propagation and sampling theory and complex waves. Geophysics, 1982, 47: 222-236.

[9] Stankovic L J. A multitime definition of the wigner higher order distribution: L-Wigner distribution. IEEE Signal Processing Letters, 1994, 1: 106-109.

[10] Stankovic L J. A method for improved distribution concentration in the time-frequency analysis of multicomponent signals using the L-Wigner distribution. IEEE Transaction on Signal Processing, 1995, 43: 1262-1268.

[11] Khandan F, Ayatollahi A. Performance region of center affine Filter for liminating of interference terms of discrete Wigner distribution. Image and Signal Processing and Analysis, 2003, 2: 621-625.

[12] Ram B P, Pradip S. A new technique to reduce cross terms in the Wigner distribution. Digital Signal Processing, 2007, 17: 466-474.

[13] Barkat B, Boashash B. A high-resolution quadratic time-frequency distribution for multicomponent signals. IEEE Transaction on Signal Processing, 2001, 49: 2232-2239.

[14] Czerwinski R N. Adaptive short-time Fourier analysis. IEEE Signal Processing Letters, 1997, 4: 42-45.

[15] Moraitakis I, Fargues M P. Feature extraction of intra-pulse modulated signals using time-frequency analysis //21st Century Military Communications Conference, Los Angeles, 2000: 737-741.

[16] Mirela B, Isar A. The reduction of interference terms in the time-frequency plane. Signals, Circuits and Systems, 2003, 2: 461-464.

[17] Boashash B, Sucic V. A Resolution performance measure for quadratic time-frequency distributions. Proceedings of the Tenth IEEE Workshop, 2000: 584-588.

[18] 曲长文, 乔治国. 雷达信号脉内特征的小波分析. 上海航天, 1996(5): 15-19.

[19] 穆世强. 雷达信号细微特征分析. 电子对抗, 1992, 1: 28-37.

[20] Li M Q, Xiao X C, Lemin L. Cyclic spectral features based modulation recognition. Communications Technology, Communications Technology Proceedings, 1996, 2: 792-795.

[21] 郁春来. 雷达辐射源信号脉内特征识别技术研究[硕士学位论文]. 武汉: 空军雷达学院, 2004.

[22] 张国柱. 雷达辐射源识别技术研究[博士学位论文]. 长沙: 国防科学技术大学, 2005.

[23] 郁春来, 何明浩. 改进小波脊线法算法分析与仿真. 现代雷达, 2005, 27: 46-48.

[24] 王华华, 沈晓峰. 一种新的雷达辐射源信号脉内特征提取方法. 系统工程与电子技术. 2009, 31: 809-811.

[25] 韩俊, 何明浩, 朱振波, 等. 基于复杂度特征的未知雷达辐射源信号分选. 电子与信息学报, 2009, 31: 2552-2555.

[26] 韩俊, 何明浩, 朱元清, 等. 基于双谱二维特征相像系数的雷达信号分选. 电波科学学报, 2009, 24: 848-851.

[27] Langley L E. Specific emitter identification（SEI）and classical parameter fusion technology. Proceedings of the WESCON, 1993: 377-381.

[28] Harry L, Li F. A novel approach for detecting the number of emitters in a cluster. IEEE Trans on Signal Processing, 1993, 1: 261-264.

[29] Kawalee A, Owczarek R. Specific emitter identification using intra-pulse data//European Radar Conference, Amsterdam, 2004: 249-252.

[30] Kawalec A, Owczarek R. Radar emitter recognition using intrapulse data. Proceedings of 15th International Conference On Microwaves, Radar and Wireless Communications, Warsaw, 2004, 2: 435-438.

[31] Dudczyk J, Matuszewski J, Wnuk M. Applying the radiated emission to the specific emitter identification. Proceedings of 15th International Conference on Microwaves, Radar and Wireless Communications, 2004, 2: 431-434.

[32] Carroll T L. A nonlinear dynamics method for signal identification. Chaos, 2007, 17: 23109/1-7.

[33] Stottler R, Bail B, Richards R. Intelligent surface threat identification system//International Conference on Aerospace, 2007: 1-13.

[34] 许丹. 辐射源指纹机理及识别方法研究[博士学位论文]. 长沙: 国防科学技术大学, 2008.

[35] 胡国兵, 刘渝. 基于最大似然准则的特定辐射源识别. 系统工程与电子技术, 2009, 2: 270-273.

[36] 吕铁军, 郭双冰, 肖先赐. 基于复杂度特征的通信信号识别. 通信学报, 2002, 23: 111-115.

[37] 许丹, 姜文利, 周一宇. 雷达功放正弦激励下的无意调制特征分析. 系统工程与电子技术, 2008, 30: 400-403.

[38] 陈昌孝, 何明浩. 基于双谱分析的雷达辐射源个体特征提取. 系统工程与电子技, 2008, 30: 1046-1049.

[39] 韩俊, 何明浩. 基于双谱和 SIFT 特征的雷达辐射源信号唯一识别. 微波学报, 2010, 1: 81-84.

[40] Zhang G X, Rong H N, Jin W D, et al. Radar emitter signal recognition based on resemblance coefficient features. Lecture Notes in Computer Science（LNCS）, 2004, 3066: 665-670.

[41] Li N J. A review of Chinese designed surveillance radars-past, present and future//Proceedings of the IEEE 1995 International Radar Conference, New York, 1995: 288-293.

[42] Mardia R G. New techniques for the deinterleaving of repetitive sequences. IEE Proc-F, 1989, 136: 149-154.

[43] Milojevic D J, Popovic B M. Improved algorithm for the deinterleaving of radar pulses. IEE Proc-F, 1992, 139: 98-104.

[44] Nelson D J. Special purpose correlation functions for improved signal detection and parameter estimation. International//Conference on Acoustics, Speech, and Signal Processing, New York, 1993, 4: 73-76.

[45]　Kenichi N, Masaaki K. Improved algorithm for estimating pulse repetition intervals. IEEE Trans on AES, 2000, 36: 407-421.

[46]　Noone G P. A neural approach to automatic pulse repetition interval modulation recognition //Proceedings of International Conference on Information, Decision and Control Salisbury, Adelaide, 1999: 213-218.

[47]　Noone G P. A neural approach to tracking radar pulse trains with complex pulse repetition interval modulations //6th International Conference on Neural Information Processing, Perth, 1999: 1075-1080.

[48]　Granger E, Rubin M A. Radar ESM with a what and where fusion neural network. Proceedings of the 2001 IEEE Signal Processing Society Workshop on Neural Networks for Signal Processing, 2001: 539-548.

[49]　Shieh C S, Lin C T. A vector neural network for emitter identification. IEEE Transactions on Antennas and Propagation, 2002, 50: 1120-1127.

[50]　Ienkaran A, Simon H, Thiagalingam K, et. al. Tracking the mode of operation of multi-function radars//Radar 2006 IEEE Conference, 2006: 233-238.

[51]　Visnevski N A, Diikes F A, Haykin S. Non-self-embedding context-free grammars for multi-function radar modeling-electronic warfare application//IEEE International Radar Conference, Hamilton, 2005.

[52]　Visnevski N A, Vikram K, Haykin S. Muti-function radar emitter modeling: a stochastic discrete event approach//The 42th IEEE Conference on Decision and Control Maui, Hawaii, 2003.

[53]　陈怀新, 南建设. 基于层次分析模糊特征融合的目标识别. 四川大学学报(自然科学版), 2003, 40: 1088-1091.

[54]　关欣, 何友, 衣晓. 一种新的雷达辐射源识别算法. 宇航学报, 2005, 26: 612-615.

[55]　何友, 关欣, 衣晓. 基于属性测度的辐射源识别方法研究. 中国科学(E辑-信息科学), 2004, 34: 1329-1336.

[56]　郑孝勇, 姚景顺, 黄小毛, 等. 基于 D-S 推理的模糊模式识别方法. 系统工程与电子技术, 2003, 25: 422-424.

[57]　张国柱, 姜文利, 周一宇. 神经网络在辐射源识别系统中的应用. 电子对抗技术, 2004, 19: 11-13.

[58]　王建华, 赵莉萍, 虞平良, 等. 模糊神经网络的舰载雷达辐射源识别方法. 哈尔滨理工大学学报, 1999, 4: 67-69.

[59]　黄高明, 苏国庆, 张琪, 等. 基于神经网络的雷达辐射源智能识别系统. 雷达科学与技术, 2005, 3: 86-90.

[60]　伍波, 谭营. 神经网络在雷达辐射源识别中的应用研究. 航天电子对抗, 2001, 5: 12-14.

[61]　牛海, 马颖. 小波-神经网络在辐射源识别中的应用研究. 系统工程与电子技术, 2002, 24: 55-57.

[62]　戴江山, 王永生. 模糊神经网络在雷达辐射源识别中应用探讨. 潜艇学术研究, 2002, 1: 72-74.

[63] 荣海娜.复杂体制雷达辐射源信号脉冲重复间隔调制识别[硕士学位论文]. 成都: 西南交通大学, 2006.

[64] Arnold C W. Improve ATR evaluation via mode seeking//Signal Processing, Sensor Fusion, and Target Recognition IV Conference, Orlando, 1995.

[65] Hate N N. Automated instrumentation evaluation and diagnostics of automatic target recognition systems. SPIE Automatic Object Recognition Conference, 1990: 202-213.

[66] Bassham C B. Automatic target recognition classification system methodology. USA: Air Force Institute of Technology, 2002.

[67] Dudgeon D E. ATR performance modeling and estimation. Available from NTIS, 1998.

[68] Zhang G X, Hu L Z, Jin W D. Quantum computing based machine learning method and its application in radar emitter signal recognition. Lecture Notes in Artificial Intelligence, 2004, 3131: 92-103.

[69] Guo G D, Dyer C R. Simultaneous selection and classifier training via linear programming: a case study for face expression recognition//IEEE Computer Society Conference on Computer Vision and Pattern Recognition, Madison, 2003.

[70] Bressan M, Vitria J. On the selection and classification of independent features. IEEE Transactions on Pattern Analysis and Machine Intelligence, 2003, 25: 1312-1317.

[71] Dai M F, Tian L X. Fractal properties of refined box dimension on functional graph. Chaos, Solutions and Fractals, 2005, 23: 1371-1379.

[72] Zhao D, Jin W D. The application of multi-criterion satisfactory optimization in fuzzy controller design//The 2nd International Workshop on Autonomous Decentralized System, Chengdu, 2002.

[73] 王国胤. Rough 理论与知识获取. 西安: 西安交通大学出版社, 2001.

[74] 张润楚. 多元统计分析. 北京: 科学出版社, 2006.

[75] Roy A, Pal S K. Fuzzy discretization of feature space for a rough set classifier. Pattern Recognition Letter, 2003, 24: 895-902.

[76] Dai J H. A genetic algorithm for discretization of decision systems//The 3th International Conference on Machine Learning and Cybernetics, Shanghai, 2004.

[77] Zhang G X, Jin W D, Hu L Z. A hybird classifier based on rough set theory and support vector machines//The 2nd International Conference on Fuzzy Systems and Knowledge Discovery, Changsha, 2005.

[78] 张国柱, 黄可生, 周一宇, 等. 基于加权 AVA 的 SVM 辐射源识别算法研究. 信号处理, 2006, 22: 357-360.

[79] Syed N A, Liu H, Sung K K. Incremental learning with support vector machines. Proc Int Joint Conf on Artificial Intelligence, 1999.

[80] Shinya K, Shigeo A. Incremental training of support vector machines using hyperspheres. Pattern Recognition Letters, 2006, 27: 1495-1507.

[81] 余志斌. 基于脉内特征的雷达辐射源信号识别研究[硕士学位论文]. 成都: 西南交通大学, 2010.

[82] 关欣, 郭强, 张政超, 等. 基于核函数支持向量机的雷达辐射源识别. 弹箭与制导学报, 2011, 31: 188-191.

[83] Fawcett T. Roc graphs: notes and practical considerations for researchers. Hp Laboratories, Palo Alto Ca, Technical Report, 2004.

[84] Bradley A P. The use of the area under the roc curve in the evaluation of machine learning algorithms. Pattern Recognition, 1997, 30: 1145-1159.

[85] Ling C X, Huang J, Zhang H. Auc: a statistically consistent and more discriminating measure than accuracy//The 18th International Joint Conference on Artificial Intelligence, Acapulco, 2003.

[86] Fawcett T. An introduction to roc analysis. Pattern Recognition Letters, 2006, 27: 861-874.

[87] Rich C, Alexandru N M. An empirical evaluation of supervised learning for roc area. Roc Analysis in AI, 2004, 1: 1-8.

[88] Hand D J, Till R J. A simple generalization of the area under the roc curve for multiple classification problems. Machine Learning, 2001, 45: 171-186.

[89] Clearwater S, Stern E A. Rule-learning program in high energy physics event classification. Computer Physics Communications, 1991, 67: 159-182.

[90] 秦锋, 罗慧, 程泽凯, 等. 一种新的基于 AUC 的多类分类评估方法. 计算机工程与应用, 2008, 44: 194-196.

[91] 秦锋, 杨帆, 程泽凯, 等. BO-AUC 多类分类评估方法. 计算机工程与应用, 2012, 48: 156-158.

[92] 汪云云, 陈松灿. 基于 AUC 的分类器评价和设计综述. 模式识别与人工智能, 2011, 24: 64-71.

[93] Vapnik V. The Nature of Statistical Learning Theory. New York: Springer, 1995.

[94] Vapnik V. Statistical Learning Theory. New York: Wiley, 1998.

[95] Chapelle O, Vapnik V, Bousquet O, et al. Choosing multiple parameters for support vector machines. Machine Learning, 2002, 46: 131-159.

[96] Joachims T. Estimating the generalization performance of a svm efficiently. Dortmund: University Dortmund, 2000.

[97] Jaakkola T S, Haussler D. Exploiting generative models in discriminative classifiers. Proceedings of the 1998 Conference on Advances in Neural Information Processing Systems Ⅱ. Massachusetts: Mit Press, 1998: 487-493.

[98] 宋小衫, 蒋晓瑜, 汪熙, 等. 基于改进Joachims上界的SVM泛化性能评价方法. 电子学报, 2011, 39: 1379-1383.

第 2 章　基于 PRI 的雷达辐射源信号分选

目前对雷达辐射源信号分选通常是利用到达角、载频等常规参数进行稀释预处理，然后基于 PRI 进行主分选，也就是最终的分选，这是当前应用最为广泛的分选技术。除此方法，还有不少文献提出将 PRI 与载频、到达角或者脉内调制特征等其他参数结合起来，形成多参数，然后基于分类器同步完成分选与识别。由于后面几章将着重介绍多参数分选与识别的关键技术，所以在本章只重点介绍基于单参数的 PRI 分选技术。

2.1　直方图分选方法

2.1.1　统计直方图分选

雷达信号的统计直方图[1, 2]是指对接收的有关脉冲描述字 (Pulse Description Word，PDW) 参数进行统计分析，求出各参数出现的频次，设定检测门限，当相关参数的频数超过检测门限时，认为对应的脉冲序列可能构成雷达信号。

直方图方法概念直观、实现简单，是雷达信号分选中使用最早的分析技术。直方图定义：设 T 是某一信号特征参数观测数据的集合，则定义于 T 上的直方图 H 为一个三元组的集合 $\{h_i = (as_i, at_i, val_i) \mid i = 1, 2, \cdots, m\}$。其中，$[as_i, at_i](i = 1, 2, \cdots, m)$ 是某一区间 A 的子区间；as_i 和 at_i 分别是该区间的起点和终点；val_i 表示落入该区间的数据总个数。H 必须满足下面三个条件：

(1) 对任意 i 和 j $(i \neq j; i = 1, 2, \cdots, m; j = 1, 2, \cdots, m)$，$[as_i, at_i]$ 和 $[as_j, at_j]$ 的交集为空；

(2) $[as_1, at_1] \bigcup [as_2, at_2] \bigcup \cdots \bigcup [as_m, at_m] = A$；

(3) $\sum\limits_{i=1}^{m} val_i = Sum$，Sum 代表该批观测数据的总个数。

这里 as_i 和 at_i 分别称为 h_i 的左、右边界点，或合称为 h_i 的边界点。H 中所有直方的边界点构成直方图 H 的边界点集。A 中各子区间的长度可以相等也可以不相等，视具体情况而定。

到达时间 (Time of Arrival，TOA) 的直方图提取算法的实现过程通常是：截取一段侦收到的雷达脉冲序列 (已按到达时间先后进行排序)，在一定时间容差范围内逐个测量脉冲与脉冲之间的时间间隔差，以脉冲间隔数值的每一间隔值出现的频数作为纵坐标，绘制脉冲间隔统计分布直方图。对于 N 个采样的连续脉冲，可计算出的脉冲间隔

值的数量为

$$S_N = \frac{N(N-1)}{2} \tag{2.1}$$

PRI 统计直方图分析处理的主要步骤如下：

(1) 以直方图中出现次数最多的间隔脉冲作为基本骨架重复周期。如果直方图中出现多个峰值，且峰值所在脉冲间隔值为倍数关系，则取其中倍数最小的作为真实雷达的 PRI；

(2) 从侦察序列中提取已确定的 PRI 序列；

(3) 估算已确定 PRI 序列的 PRI 变化规律统计特征；

(4) 对剩余脉冲序列再进行直方图分析，直到分选不出新的有规律的脉冲序列；

(5) 扩大脉冲间隔容差，再进行 PRI 直方图分析，直到大于可能 PRI 抖动范围；

(6) 对同方位不同载频的剩余脉冲序列按到达时间排序，再进行 PRI 直方图分析。

2.1.2　累积差直方图分选

累积差直方图(Cumulative Difference Histogram，CDIF)算法基于周期性脉冲时间相关原理，对传统的直方图统计算法有较大改进[3]。传统的直方图统计算法对任意两个脉冲的到达时间差都进行统计，然后利用检测门限对统计结果进行检测，这是一种简单而又直观的重频分选算法，但是运算量大并且无法消除谐波的影响。CDIF 算法是一种基于直方图统计和序列搜索的混合算法，其基本原理是通过累积各级差值直方图来估计原始脉冲序列中可能存在的 PRI，并根据该 PRI 来进行序列搜索。该算法集中了二者的优点，极大地降低了运算量，并且在一定程度上避免了高次谐波的产生。下面首先给出待分选脉冲序列的数学模型。

$$\alpha_i = \sum_{r=0}^{N} f_i(rk) \tag{2.2}$$

式中，$f_i(rk) = \begin{cases} 1, & r = am_i + q_i, 0 \leq a \leq \text{int}\left((N-q_i)/m_i\right) = n_i \\ 0, & \text{其他} \end{cases}$，其中 m_i 是雷达脉冲序列 α_i 的脉冲重复周期；q_i 是雷达脉冲序列 α_i 的起始时间；n_i 是雷达脉冲序列 α_i 的总的脉冲个数；N 是总的采样时间；k 是采样间隔；r 取待分选自然数。

当 s 个雷达的脉冲序列同时存在时，各雷达的脉冲序列的合成遵循逻辑"or"的关系，因此可以用 max 函数来表示。

待分选的脉冲序列可以表示为

$$p = \sum_{i=1}^{s} \alpha_i = \sum_{r=0}^{N} \max[f_1(rk), f_2(rk), Kf_s(rk)] \tag{2.3}$$

根据该模型，我们把传统的直方图统计算法与 CDIF 进行比较。传统的到达时间差直方图算法首先计算 $t_j - t_i$， $j > i$ 。然后对其进行统计，因此仅计算到达时间差所进行的运算量为

$$\sum_{i=1}^{E} (i-1) = \frac{E(E-1)}{2} \tag{2.4}$$

式中， E 为序列中所包含的脉冲数。

利用到达时间差进行直方图统计的算法不仅在正确的 PRI 处进行统计，而且在其整数倍处也进行统计，当实际测量的雷达脉冲信号序列有脉冲丢失时，利用该算法进行分选得到的结果有可能是 PRI 的整数倍，而不是正确的 PRI 值。因此这种算法有比较严重的谐波干扰问题。此外，由于该算法要对任意两个脉冲的到达时间差都进行计算，运算量非常大，在高密度信号环境下不适合实时处理的需要。

CDIF 算法在一定程度上克服了传统直方图法的上述缺点，是一种改进的直方图算法，步骤如下：

首先，计算相邻 TOA 的差值，即计算 $\text{TOA}(n) - \text{TOA}(n-1)$，形成第一级差值直方图，然后确定检测门限，根据检测门限对统计结果进行检测。设直方图的自变量为 τ，假定总的采样时间为 ST，则 CDIF 直方图的检测门限为

$$T_{\text{threshold}}(\tau) = x \cdot (\text{ST} / \tau) \tag{2.5}$$

式中， x 是可调系数，一般取 $x < 1$ 。

接着从最小的脉冲间隔起，将第一级差值直方图中的每个间隔的直方图值以及二倍间隔的直方图值与检测门限相比较，如果两个值都超过检测门限，则以该间隔作为 PRI 进行序列搜索。

假如序列搜索成功，此 PRI 序列将会从采样脉冲序列中扣除，并对剩余脉冲序列从第一级差值直方图起重新形成新的 CDIF 直方图，该过程会一直重复下去直到缓冲器中没有足够的脉冲形成脉冲序列；如果搜索不成功，则以本级直方图中下一个符合条件的脉冲间隔值作为 PRI 进行序列搜索；假如本级直方图中没有符合条件的脉冲间隔值，则计算下一级的差值直方图，并与前一级差值直方图进行累加，然后与检测门限相比较，重复以上步骤，直到缓冲器中没有足够的脉冲形成脉冲序列或到达时间差直方图的阶数达到某一固定值。CDIF 算法较常规分选算法具有对干扰脉冲和脉冲丢失不敏感的特点。

CDIF 算法需要将直方图中每个 PRI 间隔的直方图以及二倍 PRI 间隔的直方图的值与门限比较，若两个值都超过门限，则进行搜索。这是针对二次谐波存在的情形，即存在足够数目的间隔为 PRI 的三个脉冲序列而不只是存在足够数目的间隔为 PRI 的两个脉冲序列的情形而设计的。CDIF 算法流程图如图 2.1 所示。

累积差直方图是基于周期性脉冲时间相关原理的一种去交错算法，通过累积各级差值直方图来估计原始脉冲序列中可能存在的 PRI，并以此 PRI 来进行序列搜索。累积差直方图的最大缺陷是需要数量很多的差值级数，即使很简单的情况下也是如此，

另一个缺陷是在有大量脉冲丢失的情况下，在累积差直方图中检测到的是子谐波，造成误选。

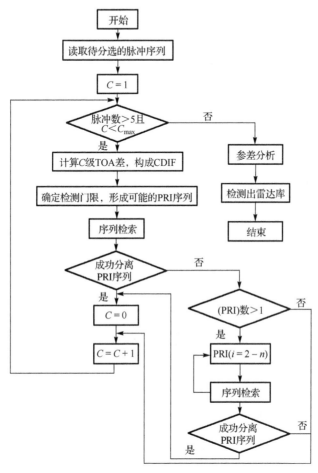

图 2.1　CDIF 算法流程图

2.1.3　序列差直方图分选

序列差直方图（Sequence Difference Histogram，SDIF）算法是一种在 CDIF 算法基础上的改进算法，也包括 PRI 的建立和序列检测两部分[4]，其步骤如下：

首先，计算相邻两脉冲的 TOA 之差构成第一级差值直方图，并且计算检测门限，然后进行子谐波检测，若只有一个值超过检测门限，则把该值当做可能的 PRI 进行序列搜索；当多个辐射源同时出现时，第一级差值直方图可能会有几个超过门限的 PRI 值，并且都不同于实际的 PRI 值。此时不进行序列搜索，而计算下一级的差值直方图，然后对可能的 PRI 进行序列搜索。若能成功分离出相应的序列，则从采样序列中扣除，并对剩余脉冲序列从第一级开始形成新的差值直方图，在经过子谐波检验后，如果不止一个峰值超过门限，则从超过门限的峰值所对应的最小脉冲间隔起进行序列搜索，最后进行参差鉴别，其算法流程如图 2.2 所示。

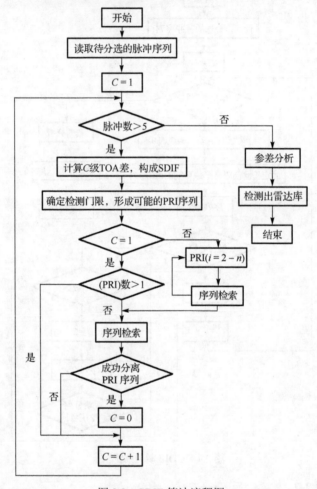

图 2.2　SDIF 算法流程图

下面介绍 SDIF 算法的检测门限。

由于直方图的峰值与两脉冲之间的间隔成反比，在观察时间一定时，脉冲间隔越大，观察到的脉冲数量越少，因而门限值与输入脉冲的总数 E 成正比，与脉冲间隔 τ 成反比，即

$$p(\tau) = \frac{xE}{\tau} \tag{2.6}$$

式中，x 是小于 1 的常数。

如果输入脉冲数很多，并且有多部雷达同时存在，则相邻脉冲的间隔可以认为是随机事件，即脉冲前沿可以认为是随机 Poisson 点，将有限的观察时间 T 分为 n 个脉冲子间隔，则在时间间隔 $\tau = t_2 - t_1$ 内有 k 个随机 Poisson 点出现的概率为

$$p_k(\tau) = \frac{(\lambda\tau)^k}{k!}\exp(-\lambda\tau) \tag{2.7}$$

式中，$\lambda = n/T$，它表示在单位时间内的脉冲子间隔数。相邻两脉冲间隔为 τ 的概率近似为

$$p_0(\tau) = \exp(-\lambda\tau) \tag{2.8}$$

式 (2.8) 为第一级差异直方图的大致形式。由于直方图实际上是一个随机事件的概率分布函数的近似值，所以较高级差值直方图呈指数分布形式。构成第 C 级差异直方图的脉冲组数量为 $(E-C)$，即观察时间内一共有 $(E-C)$ 个事件发生。Poisson 流的参数 $\lambda = 1/gN$。我们概括出最佳检测门限函数为

$$T_{\text{threshold}}(\tau) = x(E-C)\exp(-\tau/gN) \tag{2.9}$$

式中，E 是脉冲总数；C 是差值直方图的级数；g 为小于 1 的正常数；N 是直方图上脉冲间隔的总刻度值；常数 x 由实验确定。

2.2　平面变换技术

传统的分选技术都是利用信号的各先验信息，通过复杂的算法进行处理、运算，并且都在一维空间，即在时间轴上，或变换到其他一维自变量的域进行处理。而平面显示变换技术在先验信息已经被利用的情况下，试图用一种新的思维方式，将混合信号通过某种方式呈现或变换到二维平面 $S(r, l)$（r, l 分别是纵、横坐标，可以为任意正实数）来进行处理，找出平面图形的直观变化与各子信号的存在性，以及各信号参数大小的某些联系，最后通过某种手段达到分选出信号的目的[5, 6]。

设侦察设备测得的脉冲到达时间序列为 $t_1, t_2, \cdots, t_N$（N 为脉冲到达时间序列长度），对它进行如下变换，即

$$\begin{cases} D_{ij} = t_j - t_i\,(i = 1, 2, \cdots, N_m, j > i) \\ t_j - t_i < \max T; t_N - t_{N_m} = \max T \end{cases} \tag{2.10}$$

或

$$\begin{cases} D_{ij} = |t_j - t_i|\,(i = N_s, \cdots, N, j < i) \\ |t_j - t_i| < \max T; |t_N - t_{N_s}| < \max T \end{cases} \tag{2.11}$$

式中，$\max T$ 是一个正常数；$\boldsymbol{D}$ 是一个矩阵，它的每一行表示的是在时刻 t_i 处，到达时间序列 $t_1, t_2, \cdots, t_N$ 中所可能包含的脉冲重复周期。

我们将由式(2.10)进行的变换称为平面变换;而将由式(2.11)进行的变换称为反向平面变换。如果我们将矩阵 $\boldsymbol{D}$ 以时间 $t_i(i=1,2,\cdots,N)$ 为坐标画在平面坐标系内，显然脉冲序列中所包含的重复周期变化规律将会随时间展现出来，它不依赖于具体侦察站的测量，而仅依赖于目标本身的辐射特性和目标位置。图 2.3 是模拟产生的某站测量信号的平面变换图，在测量信号中存在三种辐射源，它们分别具有正弦调制、固定重频周期、分组跳变的重复周期变化规律。

由图 2.3 可以看出，平面变换图可以图形方式将脉冲信号的重复周期变化规律展现出来。但平面变换是一个从一维序列到二维平面的图形变换，从其定义可知，对于某一到达时刻 $t_i(i=1,2,\cdots,N)$，图上对应了多个脉冲间隔点，其中只有一个点对应着该时刻的瞬时脉冲重复周期，其他点都是噪声和虚假点。为了利用脉冲重复周期实现信号分选，乃至多站的信号匹配，必须在某一到达时刻 $t_i(i=1,2,\cdots,N)$，使平面变换图上只对应着其瞬时重复周期的点，即要得到与脉冲到达时间序列一一对应的脉冲重复周期序列。

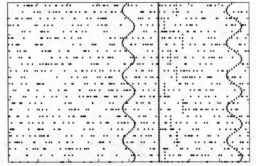

图 2.3　含有三种重复周期变化规律的模拟信号的平面变换图

设变换所处的脉冲间隔区间为 $[\Delta_{\min},\Delta_{\max}]$，则由式(2.10)的变换得到的平面变换矩阵为

$$\boldsymbol{D}=\begin{bmatrix}\Delta_{11},\Delta_{12},\cdots,\Delta_{1m}\\ \Delta_{21},\Delta_{22},\cdots,\Delta_{2m}\\ \cdots\\ \Delta_{N1},\Delta_{N2},\cdots,\Delta_{Nm}\end{bmatrix} \tag{2.12}$$

式中，m 为产生指定脉冲间隔范围内的最大脉冲间隔数；N 为脉冲到达时间序列长度。

在矩阵 $\boldsymbol{D}$ 中，第 i 行为到达时刻 t_i 处对应的所有脉冲间隔（$[\Delta_{\min},\Delta_{\max}]$ 范围内），其中最多只有一个值可能是该时刻处的瞬时重复周期，其他值都是噪声和干扰，因此必须引入处理环节来去除这些噪声和干扰。

对矩阵 $\boldsymbol{D}$ 中的各脉冲间隔 Δ_{ij}，求其在区间 $[\Delta_{\min},\Delta_{\max}]$ 内的幅值概率分布密度为

$$f(x)=\frac{m_i(x)}{n}\left([x\in\Delta_{\min},\Delta_{\max}]\right) \tag{2.13}$$

式中，$m_i(x)$ 为脉冲间隔 x 落在组间 $[\Delta_{\min} + i \times n, \Delta_{\max} + (i+1) \times n]$ 的频数，n 表示各组的

组距，i 表示介于 $\left[0, \dfrac{(\Delta_{\max} - \Delta_{\min})}{n}\right]$ 的整数。设 f_{mean} 为区间 $[\Delta_{\min}, \Delta_{\max}]$ 内的平均概率分

布密度，则

$$f_{\text{mean}} = \frac{M}{\Delta_{\max} - \Delta_{\min}} \tag{2.14}$$

式中，M 为变换矩阵 $\boldsymbol{D}$ 中大于零的元素个数。

　　为了滤除变换矩阵 $\boldsymbol{D}$ 中的噪声点，根据噪声分布和规律信号分布的概率密度差别，当 $f(x) = c \cdot f_{\max}$（c 为一常系数）时，令组间 $[\Delta_{\min} + i \times n, \Delta_{\max} + (i+1) \times n]$ 内的所有 Δ 值等于零。经过以上处理之后，变换矩阵 $\boldsymbol{D}$ 中一部分噪声和干扰点就被去掉了。图 2.4 可以说明这一点，它是对平面变换矩阵 $\boldsymbol{D}$ 进行上述处理后的结果画成二维平面图的情况。可以看出，噪声点已经去除了许多。

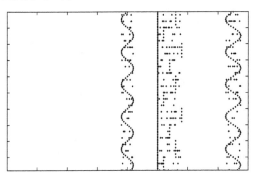

图 2.4　去除一部分噪声点后的平面变换图

　　为了进一步去除矩阵 $\boldsymbol{D}$ 中的噪声点，按式 (2.12) 进行反向平面变换，得反向变换矩阵为

$$\boldsymbol{D}' = \begin{bmatrix} \Delta'_{11}, \Delta'_{12}, \cdots, \Delta'_{1m} \\ \Delta'_{21}, \Delta'_{22}, \cdots, \Delta'_{2m} \\ \cdots \\ \Delta'_{N1}, \Delta'_{N2}, \cdots, \Delta'_{Nm} \end{bmatrix} \tag{2.15}$$

式中，m 表示产生指定脉冲间隔范围内的最大脉冲间隔数；N 表示脉冲到达时间序列长度。

　　对于变换矩阵 $\boldsymbol{D}$ 和反向变换矩阵 $\boldsymbol{D}'$，它们是按相同方法从同一脉冲到达时间序列中得到的两个矩阵，它们的唯一差别是产生矩阵时使用的方向不同。按照噪声的随机性特点，变换矩阵 $\boldsymbol{D}$ 和反向变换矩阵 $\boldsymbol{D}'$ 中的噪声点必然是互不相关的。而对于矩阵 $\boldsymbol{D}$ 和 $\boldsymbol{D}'$ 中包含的重复周期变换规律，正反两个计算方向的不同只会导致一定的相

移，其变化规律是完全相同的。据此差别，定义距离为

$$d_{ijk} = \left| \Delta_{ij} - \Delta'_{ik} \right| (i = 1, 2, \cdots, N; j = 1, 2, \cdots, m; k = 1, 2, \cdots, m) \tag{2.16}$$

式中，d_{ijk} 表示正反变换矩阵 $\boldsymbol{D}$ 和 $\boldsymbol{D}'$ 的同一行中各列元素之间的相互距离。

对于具有连续滑变特性的重复周期变化规律，相移造成的同一到达时刻处的脉冲周期变化较小，而对于噪声点，正反变换的噪声互不相关，因此，同一到达时刻处的脉冲周期变化是随机的。设 δ 为一较小的容差，则当 $d_{ijk} > \delta$ 时，令

$$\Delta_{ij} = 0 \tag{2.17}$$

由于 δ 取值较小，而噪声点的分布是随机不相关的，所以其间距离落入容差内的概率很小。大部分噪声点将会从变换矩阵中去除掉。图 2.5 是经以上相关滤波后的平面变换图，可以看出大部分的噪声点已经从矩阵 $\boldsymbol{D}$ 中去除了。

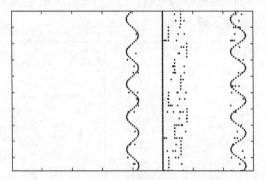

图 2.5　经过正反相关滤波后的平面变换图

经以上滤波处理后，平面变换矩阵中的大部分噪声点已被去除掉。但从图 2.5 中可以看出，矩阵 $\boldsymbol{D}$ 的每一行中仍然可能包含多个值，这是平面变换本身的定义造成的。

按照平面变换公式(式(2.10)和式(2.11))，如果存在一脉冲间隔为 T 的常规脉冲序列，当 $T < \max T / 2$ 时，那么显然对于某一时刻 t，平面变换矩阵 $\boldsymbol{D}$ 对应于 t 的这一行中，必然包含了间隔 T，由于 $T < \max T / 2$，所以它必须又包含间隔 $2T$。这里间隔 $2T$ 是由间隔为 T 的脉冲串隔点取值产生的，它就像是间隔为 T 的脉冲串的一个镜像。显然，这个镜像是虚假的，图 2.6 是产生镜像的示意图。

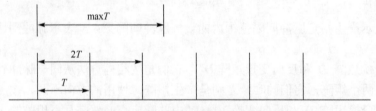

图 2.6　平面变换中镜像产生的示意图

正是由于镜像的产生，变换矩阵 $\boldsymbol{D}$ 经过滤波处理后，其每一行中仍然可能包含多个值，为了去除平面变换的镜像效应，使矩阵 $\boldsymbol{D}$ 中的每一行仅包含对应于当前到达时刻的重复周期值，考虑到平面变换图经过滤波后，理论上只包含信号及其镜像点，根据镜像的特点，在去除噪声之后，信号点一般是间隔最小的点。因此，只需将平面变换矩阵 $\boldsymbol{D}$ 的各行中最小的值保留，而删除其余的值即可去除镜像点。这样，虽然可能会将偶尔产生的重叠点去除，但总的影响不大，是可行的。图 2.7 是对图 2.5 中的信号去除镜像效应后的平面变换图。

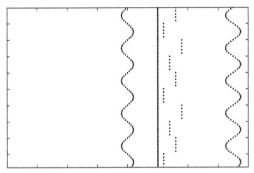

图 2.7　去除镜像效应后的平面变换图

在去除镜像效应之后，变换矩阵 $\boldsymbol{D}$ 的每一行中最多只有一个元素大于零，其余的元素均为零值。这个不为零值的元素值，理论上就等于该行对应的到达时刻处的瞬时重复周期。定义序列 $\{p_i, i=1,2,\cdots,N\}$，使得

$$p_i = D_{ij}(D_{ij} > 0; i=1,2,\cdots,N) \tag{2.18}$$

显然，序列 $\{p_i, i=1,2,\cdots,N\}$ 是一个反映各时刻瞬时重复周期的一维序列。

这样就完成了从脉冲的到达时间序列 $\{t_i, i=1,2,\cdots,N\}$ 得到脉冲的瞬时重复周期序列 $\{p_i, i=1,2,\cdots,N\}$ 的变换，这种变换被称为重复周期变换——TTP（TOA to PRI）。整个变换过程可总结如下：

(1) 对到达时间序列 $\{t_i, i=1,2,\cdots,N\}$ 进行正、反双向平面变换，得到变换矩阵 $\boldsymbol{D}$ 和 $\boldsymbol{D}'$；

(2) 对变换矩阵 $\boldsymbol{D}$ 和 $\boldsymbol{D}'$ 按概率分布密度滤波，去除部分噪声点；

(3) 对变换矩阵 $\boldsymbol{D}$ 和 $\boldsymbol{D}'$ 进行相关匹配滤波，去除剩余的噪声点；

(4) 对去除噪声后的变换矩阵 $\boldsymbol{D}$，按镜像产生规律去除镜像点，得到瞬时重复周期序列 $\{p_i, i=1,2,\cdots,N\}$。

2.3　PRI 变换算法

利用脉冲到达时间（TOA）来估计脉冲的重复间隔有多种算法，如序列搜索法、

CDIF、SDIF。这些算法都是以计算接收脉冲序列的自相关函数为基础，由于周期信号的自相关函数仍是周期函数，所以上述算法很容易出现信号的 PRI 及其整数倍值(称子谐波)同时存在的现象。在有脉冲丢失的情况下，这种现象十分严重，为了检测正确的 PRI，CDIF 算法和 SDIF 算法采用计算部分的自相关函数来避免子谐波。

基于 PRI 变换[7-9]的脉冲重复间隔估计几乎完全抑制了出现在自相关函数中的子谐波。它对交叠的雷达脉冲序列进行 PRI 变换，形成 PRI 谱图，超过门限的峰值所对应的脉冲间隔，有可能是交叠脉冲序列中所包含的某雷达的 PRI 值，然后，以此 PRI 值进行序列搜索。它对于固定重频、参差重频和抖动重频都有很好的检测效果。

2.3.1　PRI 变换的原理

脉冲到达时间采用脉冲的前沿时间来考虑，令 $t_n(n=0,1,\cdots,N-1)$ 为脉冲的到达时间，其中 N 是采样脉冲数。如果只考虑使用 TOA 这一个参数，则采样脉冲可以模型化为单位冲激函数的和，即

$$g(t) = \sum_{n=0}^{N-1} \delta(t-t_n) \tag{2.19}$$

下面是 $g(t)$ 的积分变换公式，即

$$D(\tau) = \int_{-\infty}^{\infty} g(t)g(t+\tau)\exp(2\pi\mathrm{j}t/\tau)\mathrm{d}t \tag{2.20}$$

式中，$\tau>0$，$|D(\tau)|$ 给出了一种 PRI 谱图，在代表真 PRI 值的地方将出现峰值，将式(2.19)代入式(2.19)得到

$$D(\tau) = \sum_{n=1}^{N-1} \sum_{M=0}^{n-1} \delta(\tau-t_n+t_m)\exp[2\pi\mathrm{j}t_n/(t_n-t_m)] \tag{2.21}$$

PRI 变换是基于类似于自相关函数的复值积分式，自相关函数的表达式为

$$C(\tau) = \int_{-\infty}^{\infty} g(t)g(t+\tau)\mathrm{d}t \tag{2.22}$$

PRI 变换与自相关函数的区别在于前者多了一个相位因子 $\exp(\mathrm{j}2\pi t/\tau)$ 或 $\exp[\mathrm{j}2\pi t_n/(t_n-t_m)]$。对交叠脉冲串进行自相关运算，不仅在 PRI 处出现峰值，而且在 PRI 的整数倍处也出现峰值，也就是出现子谐波，这给脉冲重复周期的估计以及随后的信号分选造成了困难，而采用 PRI 变换则几乎完全抑制了子谐波。为解释这个相位因子的作用，定义一系列稳定重频的脉冲串的到达时间为

$$t_n = (n+\eta)p, \quad n=0,1,2,\cdots \tag{2.23}$$

式中，p 是 PRI；η 是常数。脉冲串的相位定义为

$$\theta = 2\pi\eta \bmod 2\pi \tag{2.24}$$

两个相位 θ_1、θ_2，若满足 $\theta_1 = \theta_2 \bmod 2\pi$ 或 $\exp(j\theta_1) = \exp(j\theta_2)$，则认为 θ_1、θ_2 是相等的，记为 $\theta_1 \equiv \theta_2$。

一部固定重频雷达脉冲信号 PRI 为 p 的相位也可以得到

$$\theta \equiv 2\pi t_n / p = 2\pi t_n / (t_n - t_{n-1}) \tag{2.25}$$

因此对于所有的 $t_n (n = 0, 1, \cdots, N-1)$，相位也可以根据相邻脉冲的到达时间来计算。

只考虑包含一部固定重频的雷达信号的自相关函数。由以上分析可以得到

$$C(\tau) = \sum_{i=1}^{N-1} (N-1)\delta(\tau - lp) \tag{2.26}$$

由式 (2.26) 可以看出，虽然在 $\tau = lp(l = 1, 2, 3, \cdots)$ 处出现的峰值代表 PRI=p 的子谐波，但从另一个角度来看，一列 PRI 为 p 的脉冲串可以认为是 PRI 为 lp 的 l 列脉冲交叠在一起。事实上，到达时间如图 2.8 所示的脉冲序列可以分解为 PRI 为 lp 的 l 列脉冲串。由定义可以知道，这些 l 列的脉冲串的相位就变为 $\theta_1 = \theta / l, \theta_2 = (\theta + 2\pi) / l, \cdots,$ $\theta_l = (\theta + 2\pi(l-1)) / l$，其中 $\theta \equiv 2\pi\eta, 0 \leqslant \theta \leqslant 2\pi$。

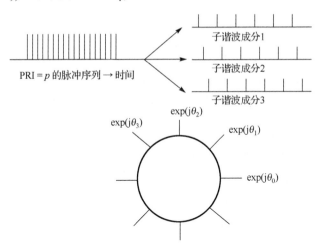

图 2.8　PRI 变换谐波压缩

假如用如图 2.8 所示的圆上的点代表相位，这些点的向量和就会变为 0(除了 $l=1$ 的情况)。在 l 列脉冲序列中，包含脉冲对 (t_n, t_m) 作为相邻脉冲对的脉冲串的相位就可以表示为 $2\pi t_n / (t_n - t_{n-1})$。这表明 l 项相位因子相加，结果为 0，也就是说出现在自相关函数中的子谐波就会得到抑制。进一步推广，对重频参差和重频抖动的情况，PRI 变换的相位因子 $2\pi t_n / (t_n - t_{n-1})$ 几乎完全抑制了子谐波。

为了便于用直方图分析，采用 PRI 变换的离散形式。令 $[\tau_{\min}, \tau_{\max}]$ 是要研究的 PRI 的范围，将这个范围分成 K 个小区间，称为 PRI 箱，如图 2.9 所示。第 k 个 PRI 箱的中心为

$$\tau_k = \frac{k - 1/2}{K}(\tau_{\max} - \tau_{\min}) + \tau_{\min}, \qquad k = 1, 2, \cdots, K \tag{2.27}$$

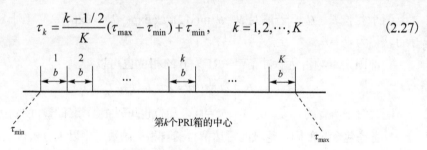

图 2.9　PRI 变换箱

定义了 PRI 的研究范围以及 PRI 箱的中心和宽度之后，离散的 PRI 变换可以表示为

$$D_k = \int_{\tau_k - b/2}^{\tau_k + b/2} D(\tau)\, \mathrm{d}\tau = \sum_{\tau_k - b/2 < t_n - t_m < \tau_k + b/2} \exp[2\pi \mathrm{j} t_n / (t_n - t_m)] \tag{2.28}$$

如果 $b \to 0$，则 $D_k / b \to D(\tau)$。PRI 的谱用 $|D_k|$ 来表示，在谱图上，代表真 PRI 的位置将出现峰值，若峰值超过门限，则可以估计出接收到的交叠脉冲串中可能包括的雷达信号的 PRI 值。

2.3.2　PRI 变换的检测门限

为了从改进的 PRI 变换的结果中检测 PRI，真 PRI 所对应的峰值必须与其他 PRI 对应的峰值有所区别。这种区别可以用三个原则来实现：观察时间的原则、消除子谐波的原则、消除噪声的原则。利用这三个原则可以设定检测 PRI 的门限。

1. 观察时间的原则

假如一列 PRI 为 τ 的脉冲串出现在整个观察时间 T 内，则脉冲的个数为 T / τ_k。另外，$|D(\tau)|$ 是指 PRI 为 τ_k 的脉冲串的脉冲个数，因此理想情况下，$|D(\tau)| = T / \tau_k$。实际情况下，每列脉冲串都不会在观测时间内一直出现，总有脉冲丢失的现象发生，我们以式 (2.29) 为界来判断该脉冲是否存在，即

$$|D(\tau)| \geq \alpha \frac{T}{\tau_k} \tag{2.29}$$

式中，α 是可调参数。

2. 消除子谐波的原则

假如 τ_k 是一系列脉冲串的 PRI 值，则理想情况下，$|D(\tau)| = C_k$ 约等于该脉冲串的脉冲个数。否则，假如 τ_k 是一系列脉冲串的子谐波，则 $|D(\tau)| < C_k$。因此，可以用式 (2.30) 来判断 τ_k 是真 PRI 值还是它的子谐波，即

$$|D(\tau)| \geq \beta C_k \tag{2.30}$$

式中，β 是可调参数，这条原则对于抖动脉冲串同样适用。

3. 消除噪声的原则

为了从 PRI 变换的结果中检测出 PRI，与 PRI 对应的 PRI 箱内的累积值必须大于噪声。在改进的算法中，由于变换时间起点，不容易估计出噪声的大小。消除噪声的原则是在估计原 PRI 变换算法的噪声的基础上进行的，式(2.31)即为该原则

$$|D(\tau)| \geqslant \gamma \sqrt{T \rho^2 b_k} \tag{2.31}$$

式中，γ 是可调参数，根据"3δ 原则"，$\gamma \geqslant 3$。

考虑到以上三个原则，可以设置如下门限，即

$$A_k = \max\left\{\alpha\frac{T}{\tau_k}, \beta C_k, \gamma\sqrt{T\rho^2 b_k}\right\} \tag{2.32}$$

式中，α、β、γ 是三个可调参数，在具体应用中，通过调节这三个参数来增加检测概率、减小虚警概率。

2.3.3　运算量分析

假定第一部雷达的脉冲总数为 N_1，第二部雷达的脉冲总数为 N_2，设 $N=N_1+N_2$。对于 PRI 变换算法，首先计算任意两个脉冲的时间差，需要 $N(N-1)/2$ 次减法，将时间差与小区间进行比较，需要 $N(N-1)/2$ 次比较运算。然后，计算相位因子 $\exp(j2\pi t/\tau)$ 或 $\exp[j2\pi t_n/(t_n - t_m)]$，需要计算 $N(N-1)/2$ 次除法和 $N(N-1)/2$ 次指数运算。接着，将每个小区间的相位因子相加，需要 $N(N-1)/2$ 次复数加法。最后，将若干个曾经有脉冲对的时间差落入其中的区间所对应的值求和与取模。

PRI 变换的算法以运算量的增加来达到抑制谐波的目的，其运算量较 CDIF 和 SDIF 算法增加了许多。

2.4　基于 SDIF 和 PRI 变换结合的方法

通过上面的分析可知，利用 PRI 进行分选的算法有很多种，如统计直方图、累积差直方图、序列差直方图、平面变换技术以及改进的 PRI 变换算法[10, 11]等，但这些算法在单独使用时都存在一定的缺陷。例如，前三种算法以计算接收脉冲的自相关函数为基础，由于周期信号的相关函数仍是周期函数，所以很容易出现信号的脉冲重复间隔及其整数倍值(称为子谐波)同时存在的现象；又如，PRI 变换算法能够很好地抑制子谐波，但对于重频抖动与重频参差的脉冲序列不适用。改进后的 PRI 变换算法对于重频抖动的脉冲序列具有很好的检测效果，但是依然不适用于重频参差的脉冲序列。将这些算法组合使用、取长补短是十分必要的，基于 SDIF 和 PRI 变换相结合的算法便是一例，其基本流程如图 2.10 所示[12]。

假设有四列脉冲序列，一列为固定重频脉冲序列，$t_{\mathrm{PRI}}=180\mu s$；两列为抖动重频

脉冲序列，它们的 t_{PRI} 分别为 230μs 和 300μs，抖动量为 10%；一列为三参差重频脉冲序列，子周期分别为 70μs、90μs 和 110μs。首先用改进的 PRI 变换算法来计算它们的 PRI 值，结果如图 2.11 所示。

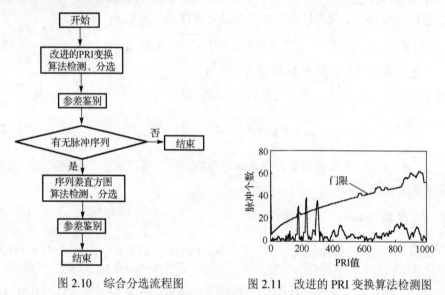

图 2.10　综合分选流程图　　　　　图 2.11　改进的 PRI 变换算法检测图

由图 2.11 可以得知，有三列脉冲序列的 t_{PRI} 分别为 180.7μs、231.1μs 和 301.9μs，然后依次以这三个 PRI 值对脉冲串进行抽取并依次进行参差鉴别，最后可得知这三列脉冲序列中无参差重频脉冲序列。再对剩下的脉冲进行序列差直方图算法的检测，可以得到图 2.12。

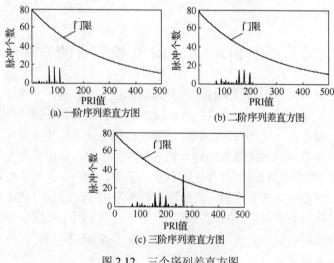

图 2.12　三个序列差直方图

由图 2.12 综合分析并经过参差鉴别后可知剩下的脉冲为一列三参差重频的脉冲序列，它的帧周期为 270.7 μs。

以上便完成了该雷达脉冲串的分选。由表 2.1 可以看出，该算法可行且分选效果较好。

表 2.1　分选结果

类型	t_{PRI} / μs	PRI 检测误差	分选正确率/%
固定	180	3.9×10^{-3}	92
抖动	230	4.8×10^{-3}	91.1
抖动	300	6.3×10^{-3}	89.9
参差	270（帧）	2.6×10^{-3}	93.8

2.5　PRI 分选的缺点

本书 1.2 节中介绍了当前雷达辐射源信号的特点，其中很重要的一条就是现代电子战环境中的辐射源数目众多，信号流密度已达到百万至千万个脉冲每秒，在实际进行分选识别时的辐射源数目可能较多。基于 PRI 分选在应对多个辐射源时的效果如何呢？取 6 种典型的雷达辐射源信号进行仿真实验，信号类型和工作参数取值范围如表 2.2 所示。

表 2.2　雷达辐射源信号类型和工作参数

序号	信号类型	到达角/(°)	载频/MHz	脉宽/μs	重频类型和参数大小/μs
1	常规	30	410	2	抖动/330
2	线性调频	30	400	2, 5	固定/500
3	非线性调频	60	1580	12	固定/230
4	频率编码	90	2230, 2290	7, 9	抖动/180
5	二相编码	60	1570	13	固定/300
6	四相编码	90	2300	11	抖动/410

此时基于 PRI 变换算法得到六个辐射源的 PRI 值如图 2.13 所示，显然由于辐射源数目过多，PRI 变换算法的性能大受影响，从图 2.13 中无法准确获得六个辐射源的 PRI 值，即无法进行后续的准确分选。面对此种情况怎么办呢？观察表 2.2 可知，虽然六个雷达辐射源信号的 PRI 类型和数值较为复杂，利用 PRI 分选完全失效，但是它们的信号调制类型完全不一样，也就是说虽然 PRI 数值多变和快变，但是它们的脉内调制特征较为稳定，在短时间内不会发生变化，如果提取它们的脉内调制特征进行分选，则可以取得理想的效果。因此，提取信号的脉内调制特征进行分选与识别，是有效解决多辐射源信号时，特别是常规参数多变、快变以及相互交叠时的有效手段。本书第 3～4 章将重点围绕脉内调制特征进行研究。

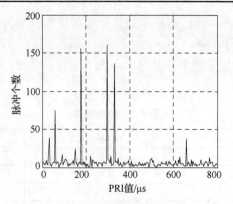

图 2.13　六个辐射源的 PRI 值图

2.6　本　章　小　结

本章重点围绕 PRI 分选介绍了几种典型的方法，并进行了实验与分析。随着电子科学技术的迅速发展，雷达技术突飞猛进，新体制雷达的应用越来越广泛，技术也日新月异，雷达信号在时域、频域上的参数多变、快变，相互交叠严重。此外，战场环境中的辐射源数目急剧增多，基于 PRI 分选算法在辐射源数目较少时可以获得较高的分选准确率，但当辐射源数目增多时，分选准确率会急剧降低。

参 考 文 献

[1]　李杨寰, 初翠强, 徐晖, 等. 一种新的脉冲重复频率估计方法. 电子信息对抗技术, 2007, 22: 18-23.

[2]　杨文华, 高梅国. 基于 PRI 的雷达脉冲分选方法. 现代雷达, 2005, 27: 50-52.

[3]　戴胜波, 雷武虎, 程艺喆, 等. 基于 TOA 分选的反电子侦察方法. 电子信息对抗技术, 2014, 29: 45-48.

[4]　易波, 刘培国, 薛国义. 一种基于顺序差值直方图算法的改进雷达信号分选方法. 舰船电子对抗, 2012, 35: 6-10.

[5]　杨文华, 高梅国. 基于平面变换技术的脉冲信号分选. 北京理工大学学报, 2005, 25: 151-154.

[6]　张西托, 饶伟, 杨泽刚, 等. 平面变换技术脉冲分选自动实现方法. 数据采集与处理, 2012, 27: 495-500.

[7]　徐梁昊, 姜秋喜, 潘继飞. 一种基于 PRI 变换的雷达信号分选方法研究. 舰船电子对抗, 2014, 37: 1-6.

[8]　王兴颖, 杨绍全. 基于脉冲重复间隔变换的脉冲重复间隔估计. 西安电子科技大学学报(自然科学版), 2002, 29: 355-359.

[9] 柴娟芳, 司锡才, 马晓东. 基于 PRI 谱的双门限雷达信号分选算法及其硬件平台设计. 数据采集与处理, 2009, 24: 38-43.

[10] Nishiguchi K, Kobayashi M. Improved algorithm for estimating pulse repetition intervals. IEEE Transactions on Aerospace and Electronic Systems, 2000, 36: 407-421.

[11] 韩俊, 何明浩, 翟卫俊, 等. 基于 PRI 变换和小波变换的雷达信号分选. 微计算机信息, 2007, 23: 164-166.

[12] 韩俊, 何明浩, 冒燕. 一种雷达脉冲序列综合分选方法的实现. 空军雷达学院学报, 2006, 2: 107-110.

第3章 雷达辐射源信号脉内特征参数提取

传统的雷达辐射源信号分选、识别技术主要依赖于截获脉冲信号的五大参数。但是，在雷达辐射源信号形式越来越复杂的今天，仅用传统的五大参数已不能完整表述现代复杂雷达信号，难以对雷达信号做出准确描述。因此，必须对雷达辐射源常规五参数以外的新特征参数进行分析处理，才能有效地提高对雷达信号的分选、识别能力。本章首先介绍了用于分析雷达信号的一些常用脉内特征参数的优缺点；然后从频域、时频域以及变换域出发，分析研究三种新的脉内特征参数，分别是复杂度特征、模糊函数小波包变换特征和双谱二维特征相像系数特征。

3.1 常用脉内特征参数提取方法

3.1.1 瞬时自相关算法

不同调制类型的雷达辐射源信号对应不同的自相关函数，对接收的信号进行自相关处理，可根据自相关函数识别信号的类型，分析信号的参数。瞬时自相关算法计算简单，易于工程实现。但是，瞬时自相关方法是一种非线性变换，因此不能处理时间重合的多个信号。此外，这种方法由于相位相关精度有限，加上器件线性度和信号动态范围的不足，使其分析信号脉内调制特性的精度不是很高。

3.1.2 傅里叶变换法

在复杂的电磁环境中，雷达辐射源信号在时域波形分布宽广、随机性强、密集环境下相互重叠混杂，不确定性大，很难以较高的可信度分开。相比之下，雷达信号的频域函数分布紧凑，占据频带窄，来自不同辐射源的信号频谱明显可分辨，是一种更自然的信号处理方法。频谱分析是一种传统的工程技术，已经在许多领域广泛应用。随着科学技术的发展和军事斗争的需要，工程人员相继提出了多种实时频谱分析方法，其中有的已经广泛应用到通信侦察和雷达侦察等领域。傅里叶变换虽在实际应用中使用较为广泛，但也存在一些弱点。

（1）频谱分析方法理论上只适用于分析平稳信号过程，对于非平稳信号无能为力。以伪随机编码信号为例，当信号参数发生变化时，信号的频谱也会相应发生变化，对应着周期的不稳定，频谱上将出现新的寄生频谱分量，对应于随机性的时变性质，频谱波形将产生分布式的寄生边带，信号的谱线将展宽，还会带来频带扩展。在这些情况下，不可能获得准确的频谱分析结果。

(2) 理论上实时频谱分析方法可以识别一切周期信号，而实际情况是在信号出现的过程中频谱是无规则波形，是时变的。随着信号过程的逐渐展开和收尾，才逐渐形成信号频谱的波峰。所以要获得稳定的频谱，取样分析数据长度至少应远大于一个完整的信号周期，这对于长周期的脉间捷变的复杂雷达信号就失去了实时的价值，而且所得结果也不准确。

3.1.3　短时傅里叶变换

短时傅里叶变换 (STFT) 克服了传统傅里叶变换的缺点，它通过对信号加窗后对窗口内的信号进行傅里叶变换，移动窗口可得到一组 STFT，它反映了频率随时间大致变化的规律。由于 STFT 为线性变换，运算简单且不产生多信号交调，对处理频率编码信号有着独特的优势。但由于所加窗的宽度是固定的，所以时域分辨率和频域分辨率相互矛盾，二者无法兼顾。

3.1.4　Wigner-Ville 分布

Wigner-Ville 分布在时频平面上，其时频聚集性比信号谱图要好，对于线性调频信号、非线性调频信号和单载频信号，分布有良好的时频聚集性，使得瞬时频率曲线与时频能量峰值重合，通过峰值检测可以得到信号的瞬时频率特征。对于相位编码信号，时频图在平面上只是一条直线，子码之间并没有产生一个突变，其分布并不能反映出调制规律，因此在该分布下，无法得到相位编码信号的脉内调制规律，不能进行分析和识别。由于 Wigner-Ville 分布是非线性变换，对于多分量信号，其分布会产生很强的交叉项，交叉项的存在使得信号的调制特征无法正确提取，甚至交叉项还产生了新的强寄生信号。在 Wigner-Ville 分布的基础上得到的伪 Wigner-Ville 分布，能够在一定程度上抑制交叉项干扰，但它是以牺牲时频聚集性为代价的。

3.1.5　小波变换法

小波分析是从经典傅里叶变换发展起来的，属于时频分析的一种。它具有多分辨率分析的特点，而且在时频两域都具有表征信号局部特征的能力，是一种窗口大小固定不变但其形状可变，时间窗和频率窗都可以改变的时频局部化分析方法，即在低频部分具有较高的频率分辨率和较低的时间分辨率，在高频部分具有较高的时间分辨率和较低的频率分辨率，所以被誉为分析信号的"显微镜"。但小波变换运算时间较长，不利于雷达辐射源信号的实时或准实时处理。

由以上分析可知，当前几种常规脉内特征提取算法普遍存在的问题是仅对某种或几种信号的分析能力较强，而不具备通用性，即不适用于任一接收信号。对此，一些学者提出综合使用这些算法，扬长避短，从而提高其通用性，但就目前已发表的文献来看，综合算法仍然存在一定的局限性，且大大增加了运算量和复杂性，不利于雷达辐射源信号的实时或准实时分选、识别[1-7]。

3.2　频域复杂度特征

3.1节分析的几种脉内特征提取算法主要是提取信号的时频、时相等关系，以达到分选、识别的目的。但对于分选或者识别，重要的不是一个模式的完整描述，而是导致区分不同类别信号的那些"选择性"信息的提取，也就是说，特征提取的主要目的就是尽可能集中表征显著类别差异的模式信息。因此，诸如相像系数、熵值等脉内特征参数应运而生。但普遍存在的问题是此类脉内特征参数对噪声较为敏感，且可适用的信号类型有限，难以满足当前战场中的未知复杂雷达信号。复杂度特征也是信号的脉内特征之一，文献[8]将复杂度特征中的盒维数应用到通信信号的识别之中，取得了较高的准确率，但是直接从时域波形上提取信号的盒维数受噪声的影响较大，并且盒维数只能反映信号序列的几何尺度信息，若要全面地反映信号序列的复杂度，还需要其分布密疏特性。针对上述问题，文献[9]给出一种新的方法。对接收到的未知雷达辐射源信号首先转换到频域，能量归一化后进行去噪预处理，然后提取盒维数反映信号序列的几何尺度信息。为进一步表征该信号序列的分布密疏特性，将稀疏性引用到雷达辐射源信号的处理之中，并推导相关门限以求取稀疏性。获得信号序列的盒维数和稀疏性后，将两者作为用于雷达辐射源信号分选、识别的特征参数。通过对8类未知的复杂雷达信号进行仿真实验，验证了新特征参数的优良性能。

3.2.1　提取原理

1. 信号预处理

在当前的复杂电磁环境中，直接从信号的时域波形提取其复杂度特征，易受噪声的影响。首先将截获到的雷达辐射源信号进行快速傅里叶变换处理，得到频域信号序列，并对其进行能量的归一化及去噪预处理，然后基于此频域信号序列进行复杂度特征的提取，得到盒维数和稀疏性两个特征参数。

假设接收到的雷达辐射源信号经过频域转换以及能量归一化后为 $\{x(i), i=1,2,\cdots,N\}$，由于有用信号的能量集中在较窄的频带范围内，而噪声的能量则均匀分布在整个频带上(书中噪声均为高斯白噪声)，所以可按式(3.1)对信号序列 $x(i)$ 进行去噪处理[5]。假设去噪后的信号序列为 $f(i)$，则

$$f(i)=\begin{cases} x(i)-\eta, & x(i)>\eta \\ 0, & x(i)\leqslant\eta \end{cases} \quad i=1,2,\cdots,N \tag{3.1}$$

式中，$\eta=\dfrac{1}{N}\sum_{i=1}^{N}x(i)$。

以一起始频率为30MHz，带宽为5MHz的线性调频信号为例，信噪比为10dB时，

去噪前后的频谱图分别如图 3.1 和图 3.2 所示，由图可知去噪效果明显，分布在频带上的噪声基本被有效抑制，这将有利于复杂度特征的提取。

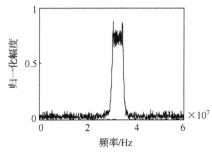

图 3.1 去噪前频谱图

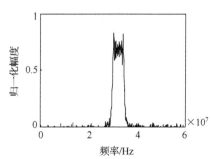

图 3.2 去噪后频谱图

2. 盒维数的提取

不同类型的雷达辐射源信号预处理后的信号序列 $f(i)$ 具有不同的复杂度特征，分形特性便是其中之一，对 $f(i)$ 进行分形能定量描述其复杂性和不规则性。盒维数是分形理论中的一种重要参数，通过盒维数可以准确刻画该信号序列的几何尺度情况，由于其计算简单、便于工程实现，所以选择其表征信号序列的几何尺度信息[10-13]。

设 (F, d) 是一个度量空间，ε 是一个非负实数，令 $B(f, \varepsilon)$ 表示一个中心在 f，半径是 ε 的闭球。设 A 是 F 中的一个非空子集，对于每个正数 ε，令 $M(A, \varepsilon)$ 表示覆盖 A 的最小闭球的数目，闭球的半径为 ε，即

$$M(A, \varepsilon) = \{N : A \subset \bigcup_{i=1}^{N} B(f_i, \varepsilon)\} \tag{3.2}$$

式中，$f_1, f_2, \cdots, f_N$ 是 F 的不同点。

再设 A 是一个紧集，并且是非负的实数，若存在

$$D_f = \lim_{\varepsilon \to 0} \frac{\ln M(A, \varepsilon)}{\ln(1/\varepsilon)} \tag{3.3}$$

则称 D_f 是集合 A 的分形维数，即为 $D_f = D_f(A)$，并称 A 具有分形维数 D_f，这种维数称为盒维数。

对于预处理后的信号序列 $f(i)$ 的盒维数 D_f 按如下公式计算，即

$$d(\Delta) = \sum_{i=1}^{N} |f(i) - f(i+1)| \tag{3.4}$$

$$d(2\Delta) = \sum_{i=1}^{N/2} \{\max[f(2i-1), f(2i), f(2i+1)] - \min[f(2i-1), f(2i), f(2i+1)]\} \tag{3.5}$$

$$D_f = 1 + \log_2 \frac{d(\Delta)}{d(2\Delta)} \tag{3.6}$$

3. 稀疏性的提取

盒维数仅反映了预处理后的信号序列 $f(i)$ 的几何尺度信息，若要全面地反映 $f(i)$ 的复杂度特性，还需要该序列的分布稀疏特性。稀疏性在图像、电力、声学/语音等领域有着广泛的应用，文献[9]将其引用到未知复杂雷达信号的特征提取中。

设 $G_N = g_1, g_2, \cdots, g_N$ 为一维 $(0,1)$ 空间中的一个序列，该序列中包含 M 个 "1" 元素。为了能够描述在序列 G_N 中不同位置处的疏密特性，构造一长度为 N_0 的窗函数，使其在序列 G_N 上由左至右滑动，第 i 个窗口内包含的 "1" 元素为 M_i 个，则该窗口内的稀疏性 D_i 可定义为

$$D_i = \left| \frac{M_i}{M} - \frac{i}{\text{floor}(N/N_0)} \right|, \quad i = 1, 2, \cdots, \text{floor}(N/N_0) \tag{3.7}$$

定义 μ 为序列 G_N 的平均稀疏性，即

$$\mu = \frac{1}{\text{floor}(N/N_0)} \sum_{i=1}^{\text{floor}(N/N_0)} D_i, \quad i = 1, 2, \cdots, \text{floor}(N/N_0) \tag{3.8}$$

平均稀疏性反映了序列 G_N 中 "1" 元素的整体稀疏性。

由于预处理后的信号序列 $f(i)$ 并非一维 $(0,1)$ 空间中的序列，所以需对其按式 (3.9) 进行 0-1 处理，即

$$g_i = \begin{cases} 1, & f(i) \geq \eta \\ 0, & f(i) < \eta \end{cases} \quad i = 1, 2, \cdots, N \tag{3.9}$$

$f(i)$ 进行 0-1 处理后得到 g_i，g_i 便为一维 $(0,1)$ 空间中的一个序列。观察式 (3.9) 可知门限 η 的取值至关重要，下面从信息论的角度出发，推导 η 的取值准则。

令 $H(f)$ 为 $f(i)$ 的信息熵，$H(g)$ 为 g_i 的信息熵，由信息论可知，由于 0-1 处理后信息会有部分损失，所以 $H(f) \geq H(g)$，损失的信息 $\Delta H(f, \eta) = H(f) - H(g)$。若要最大限度地保留 $f(i)$ 的信息，则要求 $\Delta H(f, \eta)$ 最小。由于 $\Delta H(f, \eta)$ 是关于 η 的凹曲线，则 η 有最优解时需满足

$$\frac{\partial \Delta H(f, \eta)}{\partial \eta} = \frac{\partial [H(f) - H(g)]}{\partial \eta} = 0 \tag{3.10}$$

$H(g)$ 是关于 η 的凸曲线，由式 (3.10) 可得到

$$\frac{\partial H(g)}{\partial \eta} = 0 \tag{3.11}$$

式 (3.11) 是使 $H(g)$ 最大的条件，若直接用 η 对式 (3.11) 求解不易。可令 $P_\eta(0)$ 为 g_i 中 "0" 元素的比例，$P_\eta(1)$ 为 "1" 元素的比例，则 $H(g)$ 可由信息熵的定义得到

$$H(g) = -\sum_{i=0,1} p_\eta(i) \times \log_2 p_\eta(i) \tag{3.12}$$

$$P_\eta(0) + P_\eta(1) = 1 \tag{3.13}$$

门限 η 的变化将导致 $P_\eta(0)$ 与 $P_\eta(1)$ 的变化，故可采用变量 $P_\eta(0)$ 或 $P_\eta(1)$ 对式 (3.11) 求解，即

$$\frac{\partial H(g)}{\partial p_\eta(0)} = \frac{\partial \left[-\sum_{i=0,1} p_\eta(i) \times \log_2 p_\eta(i) \right]}{\partial p_\eta(0)} = 0 \tag{3.14}$$

联合式 (3.13) 和式 (3.14) 可解得

$$P_\eta(0) = P_\eta(1) = 1/2 \tag{3.15}$$

由式 (3.15) 可知，当 g_i 中的 "0"、"1" 元素所占比例相等时，损失的信息 $\Delta H(f,\eta)$ 最小。将信号序列 g_i 按大小重新排列，得到 $g_i' = \{g_1', g_2', \cdots, g_N'\}$，则易知门限 η 为

$$\eta = \begin{cases} g_{\frac{N+1}{2}}', & N\text{为奇数} \\ \frac{1}{2}(g_{\frac{N}{2}}' + g_{\frac{N+1}{2}}'), & N\text{为偶数} \end{cases} \tag{3.16}$$

确定门限 η 后，对于信号序列 $f(i)$，首先按式 (3.9) 将其转化为 g_i，然后依据式 (3.7)、式 (3.8) 求取平均稀疏偏差 μ。

4. 算法流程

(1) 对雷达辐射源信号序列进行频域的转化以及能量的归一化，并按式 (3.1) 进行去噪预处理。

(2) 分别按式 (3.6) 和式 (3.8) 求取预处理后信号序列的盒维数 D_f 和稀疏性 μ。

(3) 将 D_f 和 μ 作为雷达辐射源信号分选、识别所用的频域复杂度特征参数。

3.2.2　实验与分析

为检验本节给出的基于盒维数和稀疏性的复杂度特征参数的性能，基于核模糊 C 均值 (Kernel Fuzzy C-means，KFCM) 算法对 8 类未知复杂雷达辐射源信号进行分选。

模拟实际采集到的雷达辐射源信号可能采用的调制样式和调制参数，仿真 8 类雷达辐射源信号，分别为单载频 (Constant Wave，CW)、线性调频 (Linear Frequency Modulation，LFM)、频率编码 (Frequency Shift Keyed，FSK)、二相编码 (Binary Phase Shift Keyed，BPSK)、四相编码 (Quadrature Phase Shift Keyed，QPSK)、线性调频加二相编码 (LFM-BPSK)、频率编码加二相编码 (FSK-BPSK) 和非线性调频 (Nonlinear Frequency Modulation，NLFM) 信号。FSK 信号的两个频点分别为 20MHz 和 40MHz，FSK-BPSK 信号的两个频点分别为 25MHz 和 35MHz，其余信号的载频均为 30MHz，脉宽均为 10μs，采样频率为 120MHz。LFM 信号的带宽为 2MHz；FSK 信号编码规律

为[100110]；BPSK 信号的相位编码规律为[11100010010]；QPSK 信号的相位编码规律
为[01230312211300112012]；LFM-BPSK 信号的带宽为 5MHz，相位编码规律为
[11100010010]；FSK-BPSK 信号的频率与相位编码规律均为[11100010010]；NLFM 信号
为正弦调频信号。在信噪比为 5dB、10dB、15dB、20dB 时，每类信号各产生 100 个。

在 5dB、10dB、15dB、20dB 时，首先分别求取 8 类雷达辐射源信号的盒维数和
稀疏性，每一类在对应信噪比时的平均值和标准偏差(100 个信号)如图 3.3～图 3.6 所
示，图 3.3 和图 3.4 为盒维数的平均值和标准偏差，图 3.5 和图 3.6 为稀疏性的平均值
和标准偏差。由图可知，8 类雷达辐射源信号的盒维数和稀疏性存在一定的差异，即
具有优秀的类间分离度，这为后续的分选打下了良好的基础；盒维数和稀疏性受噪
声的影响不大，这是该特征参数最大的优点所在，保证了分选准确率受信噪比影响
较小。图 3.3～图 3.6 中的 1～8 分别表示 CW、LFM、FSK、LFM-BPSK、BPSK、QPSK、
FSK-BPSK 和 NLFM8 类信号。

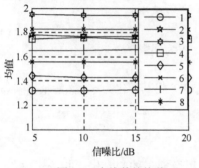

图 3.3　盒维数的均值

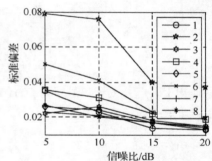

图 3.4　盒维数的标准偏差

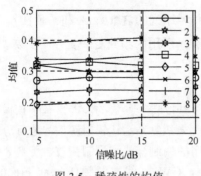

图 3.5　稀疏性的均值

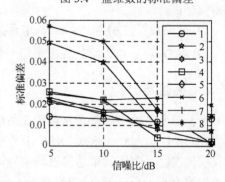

图 3.6　稀疏性的标准偏差

选用 KFCM 算法对 8 类雷达辐射源信号进行分选。分选所用的特征参数即为盒维
数和稀疏性，初始聚类数目 $c=2$，最大可能类别个数 $c_{max}=8$，迭代次数 T 设定为 50，
停止条件 $\varepsilon \leqslant 0.001$，核函数为高斯径向基核。在不同信噪比下，8 类雷达辐射源信号
的分选准确率如表 3.1 所示。由表 3.1 可知，当信噪比为 20dB 与 15dB 时，8 类雷达
辐射源信号的分选准确率均为 100%；随着信噪比的降低，分选准确率略有下降，当

信噪比为 10dB 时，由图观察可知，LFM 与 LFM-BPSK 的复杂度特征有小部分交叠，因此两类信号的分选准确率略有降低，其余信号的分选准确率均为100%；在信噪比为 5dB 时，LFM 与 LFM-BPSK 的复杂度特征的交叠概率进一步增加，分选准确率也分别降到91%和87%，但其余信号的复杂度特征依然具有良好的分离度，因此准确率仍为 100%。

　　为进一步验证参数的性能，对同种调制类型、不同调制参数的雷达辐射源信号进行分选。以线性调频信号为例，假定信号的载频均为 30MHz，脉宽均为 10μs，采样频率为 120MHz。线性调频信号的带宽依次为 5MHz、10MHz 和 15MHz；3 类信号依次记为 1、2、3。在 5dB、10dB、15dB、20dB 时，分选准确率如图 3.7 所示。

表 3.1　8 类雷达辐射源信号的分选准确率　　　　　　　（单位：%）

信噪比	CW	LFM	FSK	LFM-BPSK	BPSK	QPSK	FSK-BPSK	NLFM
5dB	100	91	100	87	100	100	100	100
10dB	100	96	100	94	100	100	100	100
15dB	100	100	100	100	100	100	100	100
20dB	100	100	100	100	100	100	100	100

　　由图 3.7 观察可知，同种调制类型、不同调制参数的雷达辐射源信号的分选准确率整体低于不同调制类型的雷达辐射源信号的分选准确率，这是因为信号的调制样式相同，仅带宽有差异，所以信号间的复杂度特征参数相对较为接近，可分离度也相对较低，因此分选效果会有所下降。

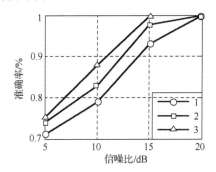

图 3.7　线性调频信号的分选准确率

3.3　时频域模糊函数特征

　　模糊函数是对雷达辐射源信号进行分析研究和波形设计的有效工具，其完全取决于雷达辐射源所发射的信号波形。由于模糊函数提供了对信号结构信息较为完整的描述，所以文献[14]利用模糊函数挖掘出反映不同信号结构信息之间差异的特征参数。

3.3.1　提取原理

1. 模糊函数的特性

对于任意窄带雷达辐射源信号，其表达式为

$$x(t) = u(t)\exp[j(2\pi f_0 t + \varphi_0)] \tag{3.17}$$

式中，f_0 为信号载频；φ_0 为初始相位；$u(t)$ 为信号的复包络。

$x(t)$ 的模糊函数为

$$\chi(\tau, f_d) = \int_{-\infty}^{\infty} u(t)u^*(t+\tau)\exp[j2\pi f_d t]\mathrm{d}t \tag{3.18}$$

式中，τ 为延时；f_d 为多普勒频率差。

模糊函数是研究雷达在多目标环境下对邻近目标分辨能力的一种工具，它具有以下几点重要的性质。

(1) 原点对称性

$$\left|\chi(\tau, f_d)\right| = \left|\chi(-\tau, -f_d)\right| \tag{3.19}$$

(2) 体积不变性

$$\int_{-\infty}^{\infty}\int_{-\infty}^{\infty}\left|\chi(\tau, f_d)\right|^2 \mathrm{d}\tau\mathrm{d}f_d = \left|\chi(0,0)\right|^2 = (2E)^2 \tag{3.20}$$

(3) 唯一性

如果 $\chi_1(\tau, f_d)$ 与 $\chi_2(\tau, f_d)$ 分别为信号 $x_1(t)$ 和 $x_2(t)$ 的模糊函数，$\chi_1(\tau, f_d) = \chi_2(\tau, f_d)$，则 $x_1(t)$ 和 $x_2(t)$ 仅相差一模为 1 的常数因子 c，即

$$x_1(t) = cx_2(t), \quad |c| = 1 \tag{3.21}$$

(4) 原点极大值

$$\left|\chi(\tau, f_d)\right|^2 \leqslant \left|\chi(0,0)\right|^2 = (2E)^2 \tag{3.22}$$

(5) 轴切割特性

$$\chi(\tau, 0) = \int_{-\infty}^{+\infty} u(t)u^*(t+\tau)\,\mathrm{d}t$$

$$\chi(0, f_d) = \int_{-\infty}^{+\infty}\left|u(t)\right|^2 \exp[j2\pi f_d t]\mathrm{d}t \tag{3.23}$$

由式 (3.18)，即模糊函数的定义可知，模糊函数的实质为信号 $x(t)$ 匹配滤波的多普勒频移形式，是信号在 τ 和 f_d 平面上的联合二维时频表示。模糊函数提供了一个信号及其自身经时延和频移后所得信号间的相似性度量，反映了信号的内部结构信息；由式 (3.20)，即体积不变性可知，模糊体积仅与信号的能量有关，而与具体的信号形

式无关，但不同的信号形式将以不同的方式分配模糊体积；由式(3.21)，即唯一性性质可知，不同的信号形式将具有不同的模糊函数。因此，选择不同信号的模糊函数之间的差异进行特征参数的提取具有可行性。

2. 模糊函数二维特征的提取

由于模糊函数图为三维特征图，不便于用机器进行分选处理，所以需进一步简化为二维特征图。在简化的过程中需把握两个原则，一是尽量减少计算量，以保证算法的运算速度；二是简化后的特征能够最大程度地反映模糊函数的特性。文献[14]尝试了一些方法进行简化，如把模糊函数矩阵对角化，然后提取对角线信息特征，但这样会增加计算量；如提取模糊函数对角元素为特征值，但这样会丢失一些有用的信息；再如提取一维距离模糊函数或速度模糊函数，但同样会丢失一些有用的信息，且抗噪性能不理想。综合比较之下，选择沿 X 轴作平行于 YOZ 平面的等间隔截面，得到 M 个截面，取 M 个截面的最大值作为特征向量，得到新的一维特征向量(即二维特征图)

$$\boldsymbol{R}_x = \max\left(\hat{\boldsymbol{B}}_{YOZ}\right) \tag{3.24}$$

以 CW、LFM、FSK、BPSK、QPSK、LFM-BPSK、FSK-BPSK 以及 NLFM 8 类信号为例。对每个分析信号的模糊函数图按上述方法进行处理，M 取 800，最后得到的二维特征图如图 3.8 所示。由图 3.8 可知，不同调制样式信号的模糊函数二维特征图存在一定的差异。

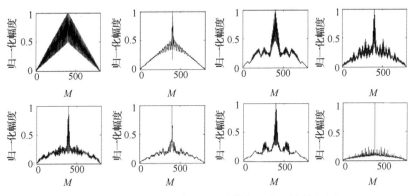

图 3.8　8 类雷达辐射源信号的模糊函数二维特征图

图 3.8 为未考虑噪声时提取的二维特征图。由于噪声既具有不规则的幅度变化，又具有不规则的相位变化，所以其模糊函数十分接近理想图钉形。当信号包含噪声时，其模糊函数的主峰位置将发生偏移，主峰越尖锐，偏移的位置越小。由于取模糊函数截面的最大值作为二维特征，所以模糊函数二维特征图的分布情况及形状受噪声的影响较小。通过仿真验证，加噪信号与无噪信号的模糊函数二维特征图的最大差别在于

主峰位置的轻微偏移，主峰以外几乎无变化。因此，模糊函数二维特征图既保证了不同信号之间的差异，又保证了较好的抗噪性[15]。

3. 小波包变换特征的提取

由上面分析可知，模糊函数二维特征图虽能反映不同信号之间的差异，但其维数为 800，需进一步对其降维处理，以保证后续的分选速度。通过观察图 3.8 发现，不同信号的模糊函数二维特征图具有不同的频率和能量分布情况，由于小波包变换是小波变换的拓展，能将频带进行多层次划分，充分找出不同信号序列之间的差异，所以对模糊函数二维特征图进行小波包分解。

信号序列 $\{s(n)\}$ 在不同尺度时的小波包变换可描述为

$$
\begin{cases}
s_{0,0} = s(n) \\
s_{j+1,2l}(n) = \sum_{i \in Z} h(i) s_{j,l}(2^j i - n) \\
s_{j+1,2l+1}(n) = \sum_{i \in Z} g(i) s_{j,l}(2^j i - n)
\end{cases}
\tag{3.25}
$$

式中，j 表示分解的尺度，即分解的层数；l 用来表示第 j 层的高低频部分；$s_{j+1,2l}(n)$、$s_{j+1,2l+1}(n)$ 分别表示信号序列 $\{s(n)\}$ 小波包变换的第 $j+1$ 层的高低频部分；h、g 分别表示低通和高通滤波器，它们为共轭镜像滤波器。

具体的小波包分解过程如下。

(1) 对二维特征图进行 3 层小波包分解，第 3 层共有 8 个频带，分别包含着 8 个频带的特征信息。此处需说明：若进行 2 层小波包分解，则第 2 层仅包含 4 个频带，所包含二维特征图的信息过少；若进行 4 层小波包分解，则第 4 层包含 16 个频带，信息冗余。所以进行 3 层小波包分解恰到好处。用 $X_{3j}(j=1,2,\cdots,8)$ 表示第 3 层第 j 个频带系数。此过程的关键是要合理地选择小波函数和小波包最佳分解的熵标准。本节选择 Symlets 小波函数 sym6 和熵 Shannon 来进行小波包分解。

(2) 第 3 层的 8 个小波包系数包含了二维特征图的全部特征信息，所以重构第 3 层的 8 个小波包系数，提取出各频带范围的信号。用 $S_{3j}(j=1,2,\cdots,8)$ 表示 X_{3j} 的重构信号，则总信号可以表示为

$$
S = S_{31} + S_{32} + S_{33} + S_{34} + S_{35} + S_{36} + S_{37} + S_{38}
\tag{3.26}
$$

(3) 计算各个频带的能量。S_{3j} 的能量 $E_{3j}(j=1,2,\cdots,8)$ 计算公式为

$$
E_{3j} = \iint |S_{3j}(t)|^2 \, \mathrm{d}t = \sum_{k=1}^{n} |x_{jk}|^2
\tag{3.27}
$$

式中，$x_{jk}(j=1,2,\cdots,8; \ k=1,2,\cdots,n)$ 表示重构信号 S_{3j} 的第 k 个离散点的幅值；n 为重构信号 $S_{3j}(t)$ 的长度。

(4)构造特征向量 $\boldsymbol{T}$ 为

$$\boldsymbol{T} = \left[E_{31}, E_{32}, E_{33}, E_{34}, E_{35}, E_{36}, E_{37}, E_{38} \right] \tag{3.28}$$

为了方便数据分析，需要对特征向量 $\boldsymbol{T}$ 进行归一化处理，令

$$E = \sqrt{\sum_{j=1}^{8} \left| E_{3j} \right|^2} \tag{3.29}$$

则可得到

$$\boldsymbol{W}_{pt} = \left[E_{31}/E, E_{32}/E, E_{33}/E, E_{34}/E, E_{35}/E, E_{36}/E, E_{37}/E, E_{38}/E \right] \tag{3.30}$$

$$\begin{cases} W_{pt2} = E_{32}/E \\ W_{pt5} = E_{35}/E \end{cases} \tag{3.31}$$

向量 $\boldsymbol{W}_{pt}$ 就是归一化后的特征向量，即为上面所提的小波包变换特征。W_{pt2} 和 W_{pt5} 在八维 $\boldsymbol{W}_{pt}$ 中具有最佳的类间分离度，因此最终选择其作为分选、识别不同雷达辐射源信号的新特征参数。

4. 算法流程

(1)求取接收信号的模糊函数。

(2)将模糊函数简化为二维特征图。

(3)求取二维特征图的 W_{pt2} 和 W_{pt5}。

(4)将 W_{pt2} 和 W_{pt5} 作为分选、识别雷达辐射源信号的特征参数。

3.3.2　实验与分析

为检验本节给出的特征参数的性能，基于 KFCM 算法对 8 类未知复杂雷达辐射源信号进行分选。具体仿真信号调制样式、参数以及相关仿真条件同 3.2.2 节。

在 5dB、10dB、15dB、20dB 时，首先分别求取 8 类雷达辐射源信号的 W_{pt2} 和 W_{pt5}，每一类在对应信噪比时的平均值和标准偏差（100 个信号）如图 3.9～图 3.12 所示，图 3.9 和图 3.10 为 W_{pt2} 的平均值和标准偏差，图 3.11 和图 3.12 为 W_{pt5} 的平均值和标准偏差。由图可知，8 类雷达辐射源信号的 W_{pt2} 和 W_{pt5} 存在一定的差异，即具有优秀的类间分离度，这为后续的分选打下了良好的基础；W_{pt2} 和 W_{pt5} 受噪声的影响不大，这是该特征参数最大的优点所在，保证了分选准确率受信噪比影响较小。图中的 1～8 分别表示 CW、LFM、FSK、BPSK、QPSK、LFM-BPSK、FSK-BPSK 和 NLFM 信号。

选用 KFCM 算法对 8 类雷达辐射源信号进行分选。分选所用的特征参数即为 W_{pt2} 和 W_{pt5}，初始聚类数目 $c = 2$，最大可能类别个数 $c_{max} = 8$，迭代次数 T 设定为 50，停止条件 $\varepsilon \leqslant 0.001$，核函数为高斯径向基核。在不同信噪比下，8 类雷达辐射源信号的

分选准确率如表 3.2 所示。由表 3.2 可知，当信噪比为 20dB 时，8 类雷达辐射源信号的分选准确率均为 100%；随着信噪比的降低，分选准确率略有下降，当信噪比为 15dB 时，由图中可知，BPSK 和 FSK-BPSK 信号的 W_{pt2} 和 W_{pt5} 有部分交叠，因此两类信号的分选准确率有所降低，其余信号的分选准确率均为 100%；在信噪比为 10dB 时，BPSK 和 FSK-BPSK 信号的交叠概率增加，分选准确率也进一步降低，分别为 90% 和 91%，但其余信号的 W_{pt2} 和 W_{pt5} 仍然具有优异的分离度，因此准确率仍为 100%；当信噪比降为 5dB 时，8 类信号的 W_{pt2} 和 W_{pt5} 的交叠概率普遍增加，分选准确率也普遍降低，最低为 78%，但总体上仍然令人满意。

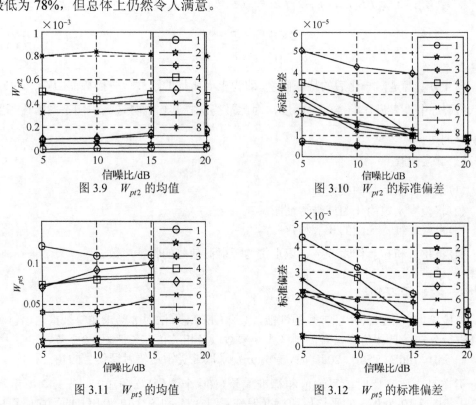

图 3.9　W_{pt2} 的均值　　　　　　　图 3.10　W_{pt2} 的标准偏差

图 3.11　W_{pt5} 的均值　　　　　　　图 3.12　W_{pt5} 的标准偏差

表 3.2　8 类雷达辐射源信号的分选准确率　　　　　　（单位：%）

信噪比	CW	LFM	FSK	BPSK	QPSK	LFM-BPSK	FSK-BPSK	NLFM
5dB	100	96	98	78	97	95	87	100
10dB	100	100	100	90	100	100	91	100
15dB	100	100	100	98	100	100	96	100
20dB	100	100	100	100	100	100	100	100

为进一步验证本节方法的可行性，对同种调制类型、不同调制参数的雷达辐射源信号进行分选。以频率编码信号为例，假定信号的两个频点为 20MHz 和 40MHz，脉

宽均为 10μs，采样频率为 120MHz。频率编码信号的编码规律依次为[1 0 0 1 1 0]、[1 1 0 0 1]、[1 0 1 1 0]；3 类信号依次记为 1、2、3。在 5dB、10dB、15dB、20dB 时，分选准确率如图 3.13 所示。

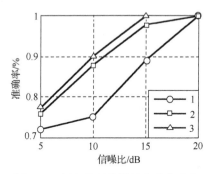

图 3.13　频率编码信号的分选准确率

由图 3.13 观察可知，同种调制类型、不同调制参数的雷达辐射源信号的分选准确率整体低于不同调制类型的雷达辐射源信号的分选准确率，这是因为信号的调制样式相同，仅编码规律有差异，所以信号间的模糊函数二维特征参数相对较为接近，可分离度也相对较低，因此分选效果会有所下降。

3.4　变换域双谱特征

侦察接收机接收到的雷达辐射源信号，经过预处理之后，所含的噪声主要包括各种杂波、接收系统热噪声等。研究表明，诸如天气之类由大量散射点引起的杂波和接收系统热噪声均趋于高斯分布。文献[16]证明了高阶谱作为时间序列分析的工具可以有效抑制高斯噪声的影响。因此，对接收到的雷达辐射源信号首先提取其双谱，以达到有效抑制高斯噪声的目的，然后基于双谱挖掘出新的特征参数[17]。

3.4.1　提取原理

1. 雷达辐射源信号的双谱估计

双谱与功率谱相比，其含义并不十分明确。功率谱表征的是信号能量随频率的分布，而双谱没有如此清晰的特征含义。零时延二阶矩是信号的方差，零时延三阶矩是信号的歪度。因此，功率谱相当于信号方差在频域上的分解，双谱则是信号歪度在频域上的分解[18, 19]。上述方法解释信号双谱从严格意义上讲不是很严谨，但是能够比较容易地解释信号双谱的特征内涵：序列的三阶相关在谱域上等效为一个频率等于其他两个频率和的三个傅里叶变换分量乘积的统计平均，这种特殊的乘积形式为双谱保留了相位信息。Oppenheim 指出，信号波形所包含的信息主要是反映在其傅里叶变换的相位中，而不是在幅度中，因而双谱可以更好地反映雷达辐射源信号的个体特征。以高阶累积量定义的双谱如下。

若随机序列 $\{x(n), x(n+\tau_1), \cdots, x(n+\tau_{k-1})\}$ 的高阶累积量 $c_{kx}(\tau_1, \cdots, \tau_{k-1})$ 满足

$$\sum_{\tau_1=-\infty}^{\infty} \cdots \sum_{\tau_{k-1=-\infty}}^{\infty} \left| c_{kx}(\tau_1, \cdots, \tau_{k-1}) \right| < \infty \tag{3.32}$$

则 k 阶谱定义为 k 阶累积量的 $k-1$ 维离散傅里叶变换，即

$$S_{kx}(\omega_1, \cdots, \omega_{k-1}) = \sum_{\tau_1=-\infty}^{\infty} \cdots \sum_{\tau_{k-1}=-\infty}^{\infty} c_{kx}(\tau_1, \cdots, \tau_{k-1}) \exp[-j(\omega_1 \tau_1 + \cdots + \omega_{k-1}\tau_{k-1})],$$

$$|\omega_i| \leqslant \pi, \ i = 1, \cdots, k = 1, \ |\omega_1 + \omega_2 + \cdots + \omega_{k-1}| \leqslant \pi \tag{3.33}$$

双谱即三阶谱，定义为

$$B_x(\omega_1, \omega_2) = \sum_{\tau_1=-\infty}^{\infty} \sum_{\tau_2=-\infty}^{\infty} c_{3x}(\tau_1, \tau_2) \exp[-j(\omega_1 \tau_1 + \omega_2 \tau_2)] \tag{3.34}$$

采用非参数化双谱估计的直接估计法[16]，对雷达辐射源信号进行双谱估计。

(1) 将数据 $\{x(0), x(1), \cdots, x(N-1)\}$ 分成 K 段，每段 M 个样本，即 $N = KM$，这里允许两段相邻数据间的重叠。

(2) 计算离散傅里叶变换(DFT)系数，即

$$X^{(k)}(\lambda) = \frac{1}{M} \sum_{n=0}^{M-1} x^{(k)}(n) \exp(-j2\pi n\lambda/M) \tag{3.35}$$

式中，$\lambda = 0, 1, \cdots, M/2$；$k = 1, \cdots, K$。

(3) 在此基础上，求出 DFT 系数的三重相关，即

$$\hat{b}_k(\lambda_1, \lambda_2) = \frac{1}{\Delta_0^2} \sum_{i_1=-L_1}^{L_1} \sum_{i_2=-L_1}^{L_1} X^{(k)}(\lambda_1 + i_1) X^{(k)}(\lambda_2 + i_2)$$

$$X^{(k)}(-\lambda_1 - \lambda_2 - i_1 - i_2) \tag{3.36}$$

式中，$k = 1, \cdots, K$；$0 \leqslant \lambda_2 \leqslant \lambda_1$，$\lambda_1 + \lambda_2 \leqslant f_s/2$；$\Delta_0 = f_s/N_0$，而 N_0 和 L_1 应选择为满足 $M = (2L_1 + 1)N_0$ 的值。

(4) 将所给数据 $x(0), x(1), \cdots, x(N-1)$ 的双谱估计以 K 段双谱估计的平均值给出，即

$$\hat{B}_D(\omega_1, \omega_2) = \frac{1}{K} \sum_{k=1}^{K} \hat{b}_k(\omega_1, \omega_2) \tag{3.37}$$

式中，$\omega_1 = \dfrac{2\pi f_s}{N_0} \lambda_1$；$\omega_2 = \dfrac{2\pi f_s}{N_0} \lambda_2$。

由此估计出的信号双谱，不仅能够有效抑制高斯噪声，更能够很好地反映不同雷达辐射源信号的特点。以 CW、LFM、FSK、BPSK、QPSK、LFM-BPSK、FSK-BPSK以及 NLFM 8 类信号为例。每个分析信号的采样点数为 2560，将其划分为 20 段，每段长为 128 点，最后得到 128×128 的双谱，如图 3.14 所示。由图 3.14 可知，不同调制样式信号的双谱幅度谱存在明显的差异。

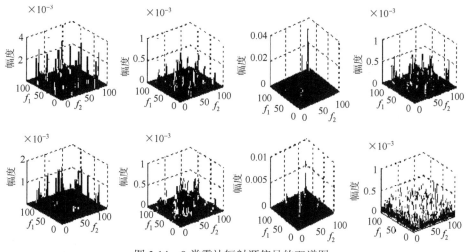

图 3.14　8 类雷达辐射源信号的双谱图

2. 双谱二维特征相像系数的提取

双谱幅度谱为三维特征，不便于用机器进行分选处理，因此需进一步简化为二维特征。当前有多种方法可以简化提取双谱特征，如提取双谱幅度矩阵对角元素为特征值，但这样会丢失一些有用的谱信息；再如把双谱矩阵对角化，然后提取对角线信息特征，但这样会增加计算量。与 3.3 节的方法一样，文献[17]选择沿 X 轴作平行于 YOZ平面的等间隔截面，得到 M 个截面，取 M 个截面的最大值作为特征向量，得到新的一维特征向量（即二维特征图，$M=128$）

$$\boldsymbol{R}_x = \max\left(\hat{\boldsymbol{B}}_{YOZ}\right) \tag{3.38}$$

图 3.15 给出了 8 类雷达辐射源信号的 128 个最大双谱幅度值的连线图。

由图 3.15 可见，不同类别信号的双谱二维特征存在明显区别。该方法计算简单，便于将三维的双谱幅度谱简化为二维，且能充分体现不同信号的双谱特点。

简化后的双谱二维特征较好地保留了双谱幅度谱的信息，但维数为 128，仍包含冗余信息，分选时会增加计算量，因此需进一步对二维特征进行维数的降低。考虑到8 类雷达辐射源信号的双谱二维特征图形态上有一定的区别，因此构造一矩形脉冲序列和一三角形脉冲序列，分别求取双谱二维特征图与两个脉冲序列的相像系数。相像系数的定义如下。

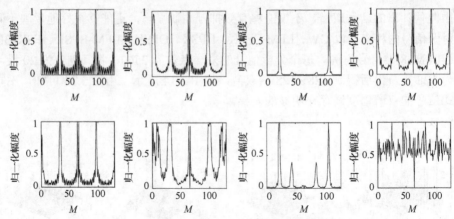

图 3.15　8 类雷达辐射源信号的双谱二维特征图

设有两个一维的离散正值信号序列 $\{S_1(i), i=1,2,\cdots,N\}$ 和 $\{S_2(j), j=1,2,\cdots,N\}$，即 $S_1(i) \ge 0$，$S_2(j) \ge 0$ $(i,j=1,2,\cdots,N)$，定义系数为

$$C_r = \frac{\sum S_1(i)S_2(j)}{\sqrt{\sum S_1^2(i)}\sqrt{\sum S_2^2(j)}} \tag{3.39}$$

式中，C_r 为信号序列 $\{S_1(i)\}$ 和 $\{S_2(i)\}$ 的相像系数，其中 $\{S_1(i)\}$ 和 $\{S_2(j)\}$ 不恒为 0。C_r 的取值范围在 0～1，当两信号序列对应成比例时，即两信号完全相似，C_r 取得最大值 1；当两信号正交时，即两信号完全不相似，C_r 取得最小值 0。

为了充分反映 8 类雷达辐射源信号双谱二维特征图之间的差异，分别构造一矩形脉冲序列 $U(k)$ 和一三角形脉冲序列 $T(k)$ 以求取相像系数，即

$$U(k) = \begin{cases} 1, & 1 \le k \le N \\ 0, & \text{其他} \end{cases} \tag{3.40}$$

$$T(k) = \begin{cases} 2k/N, & 1 \le k \le N/2 \\ 2 - 2k/N, & N/2 \le k \le N \end{cases} \tag{3.41}$$

3. 算法流程

(1)提取接收信号的双谱幅度谱。

(2)将双谱幅度谱简化为二维特征。

(3)分别求双谱二维特征与两个脉冲序列的相像系数。

(4)将双谱二维特征相像系数作为雷达辐射源信号分选、识别的新特征参数。

3.4.2　实验与分析

为检验本节所给特征参数的性能，基于 KFCM 算法对 8 类未知复杂雷达辐射源信

号进行分选。具体仿真信号调制样式、参数以及相关仿真条件同 3.2.2 节。

在 5dB、10dB、15dB、20dB 时，首先分别求取 8 类雷达辐射源信号的双谱二维特征相像系数，每一类在对应信噪比时的平均值和标准偏差(100 个信号)如图 3.16～图 3.19 所示，图 3.16 和图 3.17 为二维特征与矩形脉冲序列的相像系数的均值与标准偏差，图 3.18 和图 3.19 为二维特征与三角形脉冲序列的相像系数的均值与标准偏差。由图 3.16～图 3.19 可知，8 类雷达辐射源信号的双谱二维特征相像系数存在一定的差异，即具有优秀的类间分离度，这为后续的分选打下了良好的基础；双谱二维特征相像系数受噪声的影响不大，这是该特征参数最大的优点所在，保证了分选准确率受信噪比影响较小。图中的 1～8 分别表示的是 CW、LFM、FSK、BPSK、QPSK、LFM-BPSK、FSK-BPSK 和 NLFM 8 类信号。

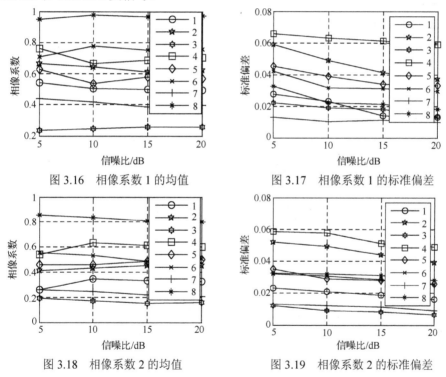

图 3.16　相像系数 1 的均值　　　　　　　图 3.17　相像系数 1 的标准偏差

图 3.18　相像系数 2 的均值　　　　　　　图 3.19　相像系数 2 的标准偏差

选用 KFCM 算法对 8 类雷达辐射源信号进行分选。分选所用的特征参数即为双谱二维特征相像系数，初始聚类数目 $c = 2$，最大可能类别个数 $c_{max} = 8$，迭代次数 T 设定为 50，停止条件 $\varepsilon \leqslant 0.001$，核函数为高斯径向基核。在不同信噪比下，8 类雷达辐射源信号的分选准确率如表 3.3 所示。由表 3.3 可知，当信噪比为 20dB 时，8 类雷达辐射源信号的分选准确率均为 100%；随着信噪比的降低，分选准确率略有下降，当信噪比为 15dB 时，由图中观察可知，LFM 与 QPSK 的相像系数有部分交叠，因此两类信号的分选准确率有所降低，其余信号的分选准确率均为 100%；在信噪比为 10dB 时，

8 类信号相像系数的交叠概率增加，分选准确率也普遍降低，最低为 90%，但 FSK 与 NLFM 的相像系数仍然具有优异的分离度，因此准确率仍为 100%；当信噪比降为 5dB 时，8 类信号相像系数的交叠概率进一步增加，分选准确率也进一步降低，最低为 85%，但该准确率仍然令人满意。

表 3.3　8 类雷达辐射源信号的分选准确率　　　　　（单位：%）

信噪比	CW	LFM	FSK	BPSK	QPSK	LFM-BPSK	FSK-BPSK	NLFM
5dB	92	86	98	85	88	87	88	99
10dB	94	90	100	92	92	95	96	100
15dB	100	94	100	100	96	100	100	100
20dB	100	100	100	100	100	100	100	100

为进一步验证本节方法的可行性，对同种调制类型、不同调制参数的雷达辐射源信号进行分选。以线性调频信号为例，假定信号的带宽均为 5MHz，脉宽均为 10μs，采样频率为 120MHz。线性调频信号的中心频率依次为 20MHz、30MHz 和 40MHz；3 类信号依次记为 1、2、3。在 5dB、10dB、15dB、20dB 时，分选准确率如图 3.20 所示。

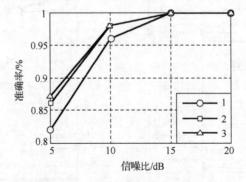

图 3.20　线性调频信号的分选准确率

由图 3.20 观察可知，同种调制类型、不同调制参数的雷达辐射源信号的分选准确率整体低于不同调制类型的雷达辐射源信号的分选准确率，这是因为信号的调制样式相同，仅中心频率有差异，所以信号间的双谱二维特征相像系数相对较为接近，可分离度也相对较低，因此分选效果会有所下降。

3.5　本　章　小　结

当前的雷达辐射源信号分选算法主要是基于分析截获信号的各种常规参数，如到达时间、到达角、载频、脉宽等，但仅利用常规参数难以适用于日益复杂的电磁环境。脉内特征是雷达辐射源信号最具特色的参数之一，虽然当前一些雷达辐射源信号的常规参数变化丰富，但其脉内特征参数具有一定的稳定性。本章从信号的频域、时频域以及变换域出发，给出了 3 种新颖的信号脉内特征参数，并通过仿真 8 种较为复杂的雷达辐射源信号对特征参数进行了验证，结果表明特征参数性能优良、有效可行。

参 考 文 献

[1] 张国柱. 雷达辐射源识别技术研究[博士学位论文]. 长沙: 国防科学技术大学, 2005.

[2] 郁春来, 何明浩. 改进小波脊线法算法分析与仿真. 现代雷达, 2005, 27(8): 46-48.

[3] 张志禹. 小波域内瞬时频率提取方法研究. 西安交通大学学报, 2001, 35(8): 1042-1045.

[4] 陈章位, 路甬祥. 渐进信号瞬时频率的提取. 振动工程学报, 1997, 4: 451-457.

[5] 张葛祥. 雷达辐射源信号智能识别技术研究[博士学位论文]. 成都: 西南交通大学, 2005.

[6] Dlepart N. Asymptotic wavelet and Gabor analysis: extraction of instantaneous frequencies. IEEE Transactions on Information Theory, 1992, 38: 644-664.

[7] Olivr R, Pierre D. Fast algorithms for discrete continuous wavelet transforms. IEEE Transactions on Information Theory, 1992, 38: 569-586.

[8] Li T J, Guo S B, Xiao X C. Study on fractal features of modulation signals. Science in China（Series F）, 2001, 44(2): 152-158.

[9] 韩俊, 何明浩, 朱振波, 等. 基于复杂度特征的未知雷达辐射源信号分选. 电子与信息学报, 2009, 31(11): 2552-2555.

[10] 吕铁军, 郭双冰, 肖先赐. 调制分形特征研究. 中国科学, 2001, 31(6): 508-513.

[11] 吕铁军, 魏平, 肖先赐. 基于分形和测度理论的信号调制识别. 电波科学学报, 2001, 16(1): 123-127.

[12] 陈国, 胡修林, 张蕴玉, 等. 基于短时分形维数的汉语语音自动分段技术研究. 通信学报, 2000, 21(10): 6-13.

[13] Tolle C R, Mc Junkin T R, Gorsich D J. Suboptimal minimum cluster volume cover-based method for measuring fractal dimension. IEEE Transactions on Pattern Analysis and Machine Intelligence, 2003, 25(1): 32-41.

[14] Han J, He M H, Zhu Y Q, et al. A novel method for sorting radar radiating-source signal based on ambiguity function//International Conference on Networks Security, Wireless Communications and Trusted Computing, Wuhan, 2009.

[15] 向敬成, 张明友. 雷达系统. 北京: 电子工业出版社, 2000.

[16] 张贤达. 现代信号处理. 2 版. 北京: 清华大学出版社, 2002.

[17] 韩俊, 何明浩, 朱元清, 等. 基于双谱二维特征相像系数的雷达信号分选. 电波科学学报, 2009, 24(5): 848-851.

[18] 林凤涛, 杨超. 基于双谱的滚动轴承局部损伤故障诊断方法研究. 噪声与振动控制, 2008, 28(3): 64-66.

[19] Yu G W, Han J, Mao Y. A new method for sorting unknown radar emitter signals//International Conference on Signal Processing, Beijing, 2008.

第4章 雷达辐射源信号脉内特征参数评估与选择

当前用于雷达辐射源信号分选、识别的特征参数多而杂，这些特征参数都具备对雷达辐射源信号进行分选、识别的功能，但性能优劣基本是通过分选、识别的准确率来验证，尚未有一个统一标准对它们的性能进行综合评估。当前的战场电磁环境具有密集性、复杂性和多变性等特点，应用需求也呈现多元化、动态化，例如，在进行实时雷达辐射源信号的分选、识别时，处理速度是首要需求；在进行事后分选、识别时，准确率则是首要需求。因此，仅用一个指标不仅难以全面科学地评估特征参数的性能，更难以在不同的作战应用需求下选择出性能最优的特征参数。本章围绕上述问题，着重介绍基于多指标的雷达信号脉内特征参数评估与选择方法。

4.1　常用评估方法

4.1.1　基于满意特征选择法

特征选择实质上是一个满意优化问题，得到的解均是满意解，而且已有的特征选择算法较少考虑特征集的维数和特征获取的代价，造成搜索次优解的过程中需要事先指定特征集的维数、得到的特征集不经济或效率低等问题[1]，因此，有必要将多目标满意优化思想引入特征选择中，综合考虑多种影响因素，以评价选出的特征集的质量满意程度。

满意优化是针对最优解根本不存在或难以把握的优化问题，或者存在最优解但无法求得或求解的代价太大的优化问题而提出来的[2,3]。满意优化摒弃了传统的最优概念，强调的是"满意"而不是"最优"，它将优化问题的约束和目标融为一体，将性能指标要求的满意设计与参数优化融为一体，具有很大的适用性和灵活性。

4.1.2　基于粗集理论的特征选择法

粗集理论是一种处理不完整不精确知识的新型数学工具，是当前备受关注的一种软计算基础理论。粗集理论无须任何先验知识和外部信息，便能从大量数据中挖掘出决策规则，揭示出属性间的关联关系并删除冗余属性，而且采用粗集理论导出的决策规则易于理解，所以，粗集理论自 1982 年由 Pawlak 提出以来已在多个领域得到了广泛应用，这些领域包括知识发现、故障诊断、机器学习、模式识别、数据约简和决策支持等[4,5]。近年来，粗集理论已被引入雷达辐射源信号分选、识别中，从若干雷达辐射源信号特征组成的原始特征集中去除冗余特征，发现最重要的特征子集。

4.1.3　基于主成分分析的特征选择法

主成分分析是通过投影的方法，将高维数据以尽可能少的信息损失投影到低维的空间，使数据降维达到简化数据结构的目的。它也是将多个相关变量以尽可能少的信息损失综合化为几个不相关变量的方法。主要步骤如下[6]。

(1)对特征参数进行标准化处理。

(2)通过线性变换提取特征样本集 X 的主成分样本集 Y。

(3)计算第 n 个主成分在满足一定需求方向上的方差贡献率。

(4)对计算得到的方差贡献率进行降序排列，选择合适的特征参数。

由以上分析可知，满意特征选择法主要基于满意度进行参数性能优劣的度量，粗集理论和主成分分析的特征选择法则分别基于冗余性和相关性对参数进行评估，评估指标均比较单一和片面。

4.2　基于多指标的特征参数评估方法

4.2.1　评估指标的构建

通过一定的数学变换提取得到的雷达信号的特征参数是否真正反映雷达的本质特征，分选、识别性能是否优异，需要通过性能评估来评价。当前的雷达辐射源信号及其所处环境具有密集性、复杂性和多变性的特点。针对这些特点，为考察不同的信号环境和不同的分选、识别特征参数对处理结果的影响，在信号总数、特征参数以及信号噪声不同的情况下分别进行分选实验。选用的特征参数依次为模糊函数(3.3 节所提方法)、相像系数(文献[7]所提方法)、复杂度(3.2 节所提方法)、熵值(文献[8]所提方法)以及双谱(3.4 节所提方法)，分别称为参数 1～5；选用的分类器为核模糊 C 均值(KFCM)算法，初始聚类数目 $c = 2$，最大可能类别个数 $c_{max} = 8$，迭代次数 T 设定为 50，停止条件 $\varepsilon \leqslant 0.001$，核函数为高斯径向基核；选择 8 种雷达辐射源信号，依次单载频(CW)、线性调频(LFM)、频率编码(FSK)、二相编码(BPSK)、四相编码(QPSK)、LFM-BPSK、FSK-BPSK 和非线性调频(NLFM)信号，分别称为信号 1～8。FSK 信号的两个频点分别为 20MHz 和 40MHz，FSK-BPSK 信号的两个频点分别为 25MHz 和 35MHz，其余信号的载频均为 30MHz，脉宽均为 10μs，采样频率为 120MHz。LFM信号的带宽为 2MHz；FSK 信号编码规律为[100110]；BPSK 信号的相位编码规律为[11100010010]；QPSK 信号的相位编码规律为[01230312211300112012]；LFM-BPSK信号的带宽为 5MHz，相位编码规律为[11100010010]；FSK-BPSK 信号的频率与相位编码规律均为[11100010010]；NLFM 信号为正弦调频信号。

首先考察脉冲信号的总数对分选结果的影响。假定每种信号分别产生 50、100、150、200 个，总数则依次为 400、800、1200、1600 个。利用参数 1～5 基于 KFCM 算法对 8 类信号进行分选，所需时间如图 4.1 所示，图中 1～5 分别表示参数 1～5。由图可知：选用不同的特征参数对 8 类信号进行分选所需的时间不同，随着信号总数的增加，分选所需时间也逐渐增加。分析其原因，不同特征参数提取的复杂性不同，在提取过程中所耗费的时间也不同。因此，在分类器相同的前提下，分选时间与特征参数的提取复杂度以及信号总数相关。当前战场的电磁环境日趋复杂，信号流密度大幅提升，这就要求特征参数的复杂性越低越好。

再考察选用 5 种特征参数对 8 类雷达辐射源信号进行分选的准确率的影响。假定信噪比为 0dB，通过仿真实验，参数 1～5 对 8 类雷达辐射源信号的平均分选准确率依次为 78.6%、80.3%、85.7%、83.2%和 89.2%。由此结果可知，选择不同的特征参数会得到不同的分选结果。分析其原因，各特征参数的可分离性不同，可分离性越大，分选的准确率就越高。

最后考察噪声对分选结果的影响。在信噪比分别为 5dB、10dB、15dB 和 20dB 时，选择参数 1～5 对 8 类雷达辐射源信号进行分选，平均分选准确率如图 4.2 所示，图中 1～5 分别表示参数 1～5。由图可知，各特征参数受噪声的影响不同，参数 5 的抗噪性能最佳，而参数 2 的性能则最差。因此，在复杂战场电磁环境中，信号的噪声大小起伏不定，这就要求特征参数具有良好的稳定性。

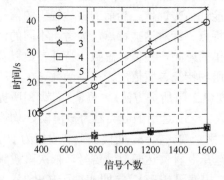
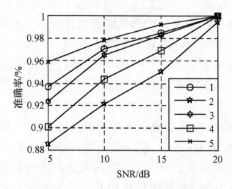

图 4.1　不同信号个数时的分选时间　　　　图 4.2　不同信噪比时的分选准确率

通过以上的分选实验，可以得出以下结论：当信号环境及分选、识别的特征参数发生改变时，分选、识别的结果就会随之改变，改变的幅度大小与选择的特征参数的复杂性、可分离性以及稳定性有直接关联。因此，度量一个特征参数的性能优劣需综合考虑其复杂性、可分离性和稳定性，将这三个指标作为全面评估特征参数的基本要素[9]。三个指标的基本含义如下。

（1）复杂性：雷达信号波形数据经数学变换处理后，提取特征参数所需耗费的计算量。

（2）可分离性：根据雷达信号特征参数值，判断不同调制样式、参数的雷达信号是否属于同一辐射源的能力。

（3）稳定性：雷达信号特征参数不随信噪比的波动而产生大的波动，在一定的信噪比范围内能够稳定不变的能力。

利用以上三个指标的特征参数评估模型如图 4.3 所示。其中 s_i（ $0 \leqslant s_i \leqslant 1$, $i=1,2,3$ ）表示利用第 i 个指标对特征向量评价的满意度值（也可称为评分值）。然后将多个指标的满意度值根据指标在整个指标体系中所占的重要性程度进行融合，最后获得综合的满意度 S_a（也可称为综合评分值），如

$$S_a = f(\boldsymbol{w}, s_i) \tag{4.1}$$

式中，$\boldsymbol{w}$ 表示指标权向量。

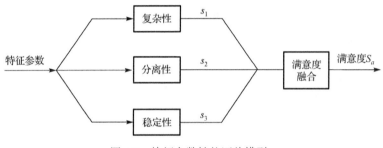

图 4.3 特征参数性能评估模型

4.2.2 评估指标的计算

1. 复杂性的度量

特征参数复杂性的高低体现在提取该特征参数所需的计算机资源的多少上，所需要的资源越多，该算法的复杂性越高；反之，所需要的资源越少，该算法的复杂性越低。计算机的资源，最重要的是时间资源和空间资源。因此，复杂性可分为时间复杂性和空间复杂性。由于时间复杂性与空间复杂性概念类同，计算方法相似，且在空间充足的情况下，其影响可忽略不计，所以主要考虑时间复杂性。

1）算法的时间性能分析

一个算法的时间复杂性是该算法的时间耗费，是该算法中所有语句的频度之和，它是该算法所求解问题规模的函数，当用 n 表示问题规模时，算法的时间复杂性用 $T(n)$ 表示。当问题的规模 n 趋向无穷大时，时间复杂性 $T(n)$ 的数量级（阶）称为算法的渐进时间复杂性。在算法分析时，往往对算法的时间复杂性和渐近时间复杂性不予区分，而经常是将渐近时间复杂性 $T(n) = O(f(n))$ 简称为时间复杂性，其中 $f(n)$ 一般是指算法中频度最大的语句频度。

常见的时间复杂性按数量级递增排列依次为：常数 $O(1)$ 、对数阶 $O(\log_2 n)$ 、线性

阶 $O(n)$ 、线性对数阶 $O(n\log_2 n)$ 、平方阶、立方阶 $O(n^3)$ 、k 次方阶 $O(n^k)$ 、指数阶 $O(2^n)$ 。显然，时间复杂性为指数阶 $O(2^n)$ 的算法效率极低，当 n 值稍大时，就无法应用。

2）时间复杂性的几种计算方法

（1）直接计算法

对可以直接计算出语句频度的算法，先求 $T(n)$ ，再求 $T(n)$ 的数量级，在实际计算过程中，不需要把每个语句的频度都计算出来，找到算法中频度最大的语句并计算出频度。

（2）迂回计算法

大多计算算法的时间复杂性时采用的都是直接计算法，对于循环结构循环次数已知，很容易计算出每个语句的频度，但比较复杂的算法则很难直接计算出 $T(n)$ ，特别是循环次数与循环体内语句的执行有联系，在此种情况下可使用迂回计算法。先设循环次数为一未知数，如假设为 x ，然后根据循环结束的条件求出 x 值，进而求出 $T(n)$ 的数量级。

（3）递归计算法

对递归调用的算法，前面介绍的两种算法对其不再适用，而需采用递归计算法。首先根据递归算法得到时间复杂性的递归关系，再进一步求出 $T(n)$ 。

2. 可分离性的度量

传统的基于类内、类间距离的可分离性判据定义为

$$J_d(x) = \frac{1}{2}\sum_{i=1}^{c} P_i \sum_{j=1}^{c} P_j \frac{1}{n_i n_j} \sum_{k=1}^{n_i} \sum_{l=1}^{n_j} \delta(x_k^{(i)}, x_l^{(j)}) \tag{4.2}$$

式中，c 为类别数；n_i 、n_j 分别为 ω_i 类及 ω_j 类中样本数；P_i 、P_j 是相应类别的先验概率；$x_k^{(i)}$ 、$x_l^{(j)}$ 分别是 ω_i 类及 ω_j 类中 D 维特征向量；$\delta(x_k^{(i)}, x_l^{(j)})$ 为向量 $x_k^{(i)}$ 与 $x_l^{(j)}$ 间的距离。因此，$J_d(x)$ 是各类特征向量之间的平均距离，通常认为 $J_d(x)$ 越大，可分离性越好。在欧氏距离下，有

$$\delta(x_k^{(i)}, x_l^{(j)}) = (x_k^{(i)} - x_l^{(j)})^{\mathrm{T}}(x_k^{(i)} - x_l^{(j)}) \tag{4.3}$$

由此可推得

$$J_d(x) = s_b + s_\omega = \mathrm{tr}(S_b + S_\omega) \tag{4.4}$$

式中，$s_b = \sum_{i=1}^{c} P_i(m_i - m)^{\mathrm{T}}(m_i - m)$ ；$s_\omega = \sum_{i=1}^{c} P_i \frac{1}{n_i} \sum_{k=1}^{n_i} (x_k^{(i)} - m_i)^{\mathrm{T}}(x_k^{(i)} - m_i)$ ；$S_b = \sum_{i=1}^{c} P_i(m_i - m)(m_i - m)^{\mathrm{T}}$ ；$S_\omega = \sum_{i=1}^{c} P_i \frac{1}{n_i} \sum_{k=1}^{n_i} (x_k^{(i)} - m_i)(x_k^{(i)} - m_i)^{\mathrm{T}}$ ；$m_i = \frac{1}{n_i} \sum_{k=1}^{n_i} x_k^{(i)}$ ；

$m = \sum_{i=1}^{c} P_i m_i$ 。其中，m_i 表示第 i 类样本集的均值向量；m 表示所有分类的样本集总均值向量；称 S_b 为类间离散度矩阵；S_ω 为类内离散度矩阵；s_b 为类间离散度；s_ω 为类内离散度。通常情况下，希望类间离散度 s_b 尽量大，类内离散度 s_ω 尽量小，这样有利于分类。但事实上在 s_b 较大、s_ω 较小时，$J_d(x)$ 仍有可能获得较大值，此时的分离度难以令人满意。

文献[10]给出了一种新的类分离度定义方法，克服了传统方法的不足之处。首先给出三个定义。

定义 4.1　第 i 类信号的类内聚集度 C_{ii} 为

$$C_{ii} = \max_{k=1,2,\cdots,M_i^q} \left\{ \left\| x_{ik}^q - E(X_i^q) \right\| \right\} \tag{4.5}$$

式中，q 为特征向量维数；M_i^q 是第 i 类信号的样本数；x_{ik}^q 是第 i 类信号 q 维特征的第 k 个样本向量；$X_i^q = [x_{i1}^q, x_{i2}^q, \cdots, x_{iM_i^q}^q]$；$E(X_i^q)$ 是 X_i^q 的期望值。

定义 4.2　第 i 类信号与第 j 类信号的距离 D_{ij} 定义为

$$D_{ij} = \left\| E(X_i^q) - E(X_j^q) \right\| \tag{4.6}$$

式中，$E(X_i^q)$ 和 $E(X_j^q)$ 分别是 X_i^q 和 X_j^q 的期望值。

定义 4.3　第 i 类信号与第 j 类信号的类间分离度 S_{ij} 定义为

$$S_{ij} = \frac{D_{ij}}{C_{ii} + C_{jj}} \tag{4.7}$$

式中，D_{ij} 是第 i 类与第 j 类信号的距离；C_{ii} 与 C_{jj} 分别为第 i 类与第 j 类信号的类内聚集度。

如果用于分选、识别的信号共有 H 类，根据定义 4.1 和 4.3 给出的类内聚集度和类间分离度，评价特征集可分离度质量的准则函数为

$$f = \frac{2}{H(H-1)} \sum_{i=1}^{H-1} \sum_{j=i+1}^{H} \frac{S_{ij}}{q} \tag{4.8}$$

显然，f 的值越大，特征集可分离度的质量就越高。

3. 稳定性的度量

不同的雷达辐射源信号特征参数具有不同的稳定性，即在不同的信噪比下会呈现不同的性能。采用单因子方差分析研究噪声对特征参数的稳定性是否有显著的影响。

假定信噪比有 m 个水平，分别记为 $\mathrm{SNR}_1, \cdots, \mathrm{SNR}_m$。在每一种水平下，做 k 次实验，在每次实验后可得到一实验值，记为 C_{ij}，它表示在第 i 个水平下的第 j 个实验值（$i = 1, \cdots, m; j = 1, \cdots, k$）。结果如表 4.1 所示。

表 4.1　统计结果

实验次数 因子水平	1	2	$\cdots$	j	$\cdots$	k	$\sum\limits_{j=1}^{k} C_{ij}$	$\bar{C}_i = \dfrac{1}{k}\sum\limits_{j=1}^{k} C_{ij}$
SNR_1	C_{11}	C_{12}	$\cdots$	C_{1j}		C_{1k}	$\sum C_{1j}$	$\bar{C}_1$
SNR_2	C_{21}	C_{22}	$\cdots$	C_{2j}		C_{2k}	$\sum C_{2j}$	$\bar{C}_2$
$\vdots$							$\vdots$	$\vdots$
SNR_i	C_{i1}	C_{i2}	$\cdots$	C_{ij}		C_{ik}	$\sum C_{ij}$	$\bar{C}_i$
$\vdots$							$\vdots$	$\vdots$
SNR_m	C_{m1}	C_{m2}	$\cdots$	C_{mj}	$\cdots$	C_{mk}	$\sum C_{mj}$	$\bar{C}_m$

为了考察 SNR 对实验结果是否有显著的影响，把 SNR 的 m 个水平 $\mathrm{SNR}_1,\cdots,\mathrm{SNR}_m$ 看成 m 个正态总体，而 C_{ij} 为取自第 i 个总体的第 j 个样本，因此可设 $C_{ij} \sim N(a_i,\sigma^2)$，$i = 1,\cdots,m; j = 1,\cdots,k$。

可以认为 $a_i = \mu + \varepsilon_i$，$\varepsilon_i$ 是因子 SNR 的第 i 个水平 S_i 所引起的差异，因此检验因子 SNR 的各水平之间是否有显著的差异，相当于进行下列检验，即

$$H_{01} = a_1 = \cdots = a_m = \mu \tag{4.9}$$

下面给出两个定理。

定理 4.1　平方和分解公式

$$S_T = S_e + S_A \tag{4.10}$$

式中，$S_T = \sum\limits_{i=1}^{m}\sum\limits_{j=1}^{k}(C_{ij} - \bar{C})^2$；$S_A = \sum\limits_{i=1}^{m}\sum\limits_{j=1}^{k}(\bar{C}_i - \bar{C})^2 = k\sum\limits_{i=1}^{m}(\bar{C}_i - \bar{C})^2$；$S_e = \sum\limits_{i=1}^{m}\sum\limits_{j=1}^{k}(C_{ij} - \bar{C}_i)^2$；

$\bar{C}_i = \dfrac{1}{k}\sum\limits_{j=1}^{k} C_{ij}$；$\bar{C} = \dfrac{1}{m}\sum\limits_{i=1}^{m}\bar{C}_i = \dfrac{1}{mk}\sum\limits_{i=1}^{m}\sum\limits_{j=1}^{k} C_{ij}$。

S_T 称为总离差平方和，它是所有观察值 C_{ij} 与其总平均值 $\bar{C}$ 之差的平方和，是描述全部数据离散程度的数量指标，由于 C_{ij} 是服从正态分布的随机量，当式 (4.10) 成立

时，C_{ij} 是独立，同正态分布的随机量，可以证明 $\dfrac{S_T}{\sigma^2} = \dfrac{\sum\limits_{i=1}^{m}\sum\limits_{j=1}^{k}(C_{ij} - \bar{C})^2}{\sigma^2}$ 是服从自由度 $f_T = mk - 1$ 的 χ^2 分布。

$S_e = \sum\limits_{i=1}^{m}\sum\limits_{j=1}^{k}(C_{ij} - \bar{C}_i)^2$ 是观察值与组类平均值 $\bar{C}_i$ 之差的平方和，称为组内平方和或误差平方和，它反映了组内 (在同一水平之下) 样本的随机波动。注意到 S_e 是非负的二次型，并且在 mk 个平方和中有 m 个约束条件 $\sum\limits_{j=1}^{k}(C_{ij} - \bar{C}_i) = 0, i = 1,\cdots,m$，　所以

$\displaystyle\sum_{i=1}^{m}\sum_{j=1}^{k}(C_{ij}-\overline{C}_i)^2$ 的自由度 $f_e = mk - m$。

$S_A = k\displaystyle\sum_{i=1}^{m}(\overline{C}_i - \overline{C})^2$ 是组类平均值 $\overline{C}_i$ 与总平均值之差的平方和，称为组间平方和，它反映了因子各个水平不同引起的差异。注意到 S_A 是非负的二次型，有 m 个平方和相加，而且有一个约束条件 $\displaystyle\sum_{i=1}^{m}(\overline{C}_i - \overline{C}) = 0$，所以 S_A 的自由度 $f_A = m - 1$。

定理 4.2　平方和分解定理

设 Q 服从自由度为 n 的 χ^2 分布，又

$$Q_1 + Q_2 + \cdots + Q_k = Q \qquad (4.11)$$

式中，$Q_i(i = 1, 2, \cdots, k)$ 是秩为 $f_i(i = 1, 2, \cdots, k)$ 的非负二次型，则 $Q_i(i = 1, 2, \cdots, k)$ 相互独立，且分别服从自由度为 $f_i(i = 1, 2, \cdots, k)$ 的 χ^2 分布的充要条件为

$$f_1 + f_2 + \cdots + f_k = n \qquad (4.12)$$

注意到式(4.10)在式(4.9)为真的假定下 $S_T / \sigma \sim \chi^2(mk - 1)$，$S_e / \sigma$、$S_A / \sigma^2$ 是非负二次型，其秩分别为 $mk - m$，$m - 1$。由于 $mk - m + m - 1 = mk - 1$，所以 $f_T = f_e + f_A$，根据平方和分解定理可知，S_e / σ^2 与 S_A / σ^2 相互独立，且分别服从自由度为 f_e 及 f_A 的 χ^2 分布。

由平方和分解公式可知，观察值关于其总平均值之间的差异可以看成两部分组成，即组内平方和(也称为误差平方和，它反映了因随机因素的作用引起的差异)和组间平方和(由因子各个水平不同引起的差异)。因此 S_A 与 S_e 的比值就反映了两种差异所占的比重，若 S_A 与 S_e 的比值越大，则说明因子的各个水平不同引起的差异显著。因此，统计量为

$$F = \frac{S_A / (m-1)}{S_e / m(k-1)} \qquad (4.13)$$

F 可用来检验因子的效应是否显著。

在假设式(4.9)成立时，S_T / σ^2、S_e / σ^2、S_A / σ^2 都是 χ^2 变量，其自由度分别为 $f_T = mk - 1$，$f_e = mk - m$，$f_A = m - 1$，并且成立关系

$$f_T = f_e + f_A \qquad (4.14)$$

根据定理 4.2，在假设式(4.9)成立时，S_A 与 S_e 相互独立，其自由度分别为 f_A 与 f_e 的 χ^2 变量。从而，统计量为

$$F(m-1, m(k-1)) \qquad (4.15)$$

至此，可以给出假设检验 H_{01} 规则如下：对于给定的显著性水平 α，由 F 分布表查出自由度为 $(m-1, m(k-1))$ 的临界值 F_α，若 $F > F_\alpha$，则拒绝假设 H_{01}，说明因子对

指标影响显著，且 F 越大，影响越显著；若 $F \leqslant F_\alpha$，则接受假设 H_{01}，说明因子对指标影响不显著。

下面给出具体的计算步骤。

(1) 对原始数据进行线性变换，即

$$y_{ij} = \frac{C_{ij} - c}{d} (i = 1, 2, \cdots, m; j = 1, 2, \cdots, k) \tag{4.16}$$

式中，c, d 是常数。

(2) 将新数据列成如表 4.2 所示的计算表格。

表 4.2　计算结果

因子水平 ＼ 实验次数	1	2	⋯	j	⋯	k	和	平方和	和平方
SNR_1	y_{11}	y_{12}	⋯	y_{1j}	⋯	y_{1k}	$\sum y_{1j}$	$(\sum y_{1j})^2$	$\sum y_{1j}^2$
SNR_2	y_{21}	y_{22}	⋯	y_{2j}	⋯	y_{2k}	$\sum y_{2j}$	$(\sum y_{2j})^2$	$\sum y_{2j}^2$
⋮							⋮	⋮	⋮
SNR_i	y_{i1}	y_{i2}		y_{ij}		y_{ik}	$\sum y_{ij}$	$(\sum y_{ij})^2$	$\sum y_{ij}^2$
⋮							⋮	⋮	⋮
SNR_m	y_{m1}	y_{m2}		y_{mj}		y_{mk}	$\sum y_{mj}$	$(\sum y_{mj})^2$	$\sum y_{mj}^2$
总和							$\sum\sum y_{ij}$	$\sum(\sum y_{ij})^2$	$\sum\sum y_{ij}^2$

(3) 按下式进行计算。

$$P = \frac{1}{mk}(\sum_{i=1}^m \sum_{j=1}^k y_{ij})^2, \quad Q = \frac{1}{k}\sum_{i=1}^m (\sum_{j=1}^k y_{ij})^2, \quad R = \sum_{i=1}^m \sum_{j=1}^k y_{ij}^2, \quad S_T' = R - P, \quad f_T = mk - 1$$

$$S_A' = Q - P, \quad f_A = m - 1, \quad S_e' = R - Q, \quad f_e = mk - m, \quad F = \frac{S_A' / f_A}{S_e' / f_e}$$

(4) 进行统计检验。由 F 分布表查出自由度为 $(m-1, m(k-1))$ 的临界值 F_α，若 $F > F_\alpha$，则拒绝假设 H_{01}，说明因子对指标影响显著，且 F 越大，影响越显著；若 $F \leqslant F_\alpha$，则接受假设 H_{01}，说明因子对指标影响不显著。

4.2.3　评估指标的规范化

指标规范化就是对所有与特征参数性能有关的指标值进行评分，把意义或量纲各异的各指标值通过一定的数学变换转化为可以进行指标聚合的"评分值"，为处理方便，采用"百分制"的评分。指标分为定量和定性两种，可分离性和稳定性为定量指标，而复杂性为定性指标。定量指标的规范化(也可称为无量纲化)方法为：将指标值映射为上、下限分别为 100 和 0 的实数，则这种数学变换关系是一个从实数集 $\mathbf{R}$ 到 $[0, 100]$ 的函数，记为 $F(x): \mathbf{R} \to [0, 100]$，称为指标的规范化函数。定性指标的规范化则通过建立一一映射或定性等级量化表来进行规范化[11]。

1. 复杂性的规范化

复杂性指标为定性指标，无法使用规范化函数对其进行处理。选择对各种特征参数的时间复杂性进行等级量化，建立从指标到评分值的一一映射，具体如表 4.3 所示。

表 4.3　指标到评分值的映射

指标	$O(\log_2 n)$	$O(n)$	$O(n\log_2 n)$	$O(n^2)$	$O(n^3)$	$O(n^4)$
评分值	100	95	90	85	80	75

2. 可分离性的规范化

特征参数的可分离性越优，获得的准确率越高，其增长趋势属于上凸递增型函数。上凸递增型函数是指该类型函数适用于评分值随着实际值的增大而增大，且增大趋势逐渐变缓的情况，指标评分值 Z_i 函数形式为

$$Z_i = \begin{cases} 0, & y_i \leqslant y_i^{\min} \\ 100\sin\left(\dfrac{y_i - y_i^{\min}}{y_i^{\max} - y_i^{\min}} \times \dfrac{\pi}{2}\right), & y_i^{\min} < y_i < y_i^{\max} \\ 100, & y_i \geqslant y_i^{\max} \end{cases} \tag{4.17}$$

式中，Z_i 为第 i 个指标值 y_i 的评分值；$y_i^{\max}$ 和 $y_i^{\min}$ 是 y_i 的满意点和无效点。

3. 稳定性的规范化

特征参数的可分离性越差，获得的准确率越低，其降低趋势属于上凸递减型函数。上凸递减型函数是指评分值随着实际值的增大而减小，且减小趋势逐渐变快的情况，指标评分值 Z_i 函数形式为

$$Z_i = \begin{cases} 0, & y_i \leqslant y_i^{\min} \\ 100\sin\left(\dfrac{y_i^{\max} - y_i}{y_i^{\max} - y_i^{\min}} \times \dfrac{\pi}{2}\right), & y_i^{\min} < y_i < y_i^{\max} \\ 100, & y_i \geqslant y_i^{\max} \end{cases} \tag{4.18}$$

4.2.4　评估实验与分析

按照上面的方法，依据 4.2.1 节中的各参数设置，可以得到特征参数 1~5 的每个指标的具体评分值，具体如表 4.4 所示。此处需说明一点：在第 3 章的仿真实验中，利用参数 3（3.2 节所提参数）得到的分选准确率高于利用参数 1 和参数 5 得到的分选准确率，而在表 4.4 中，可以观察到参数 3 的可分离性却不及参数 1 和参数 5 优秀，这是因为在 3.2 节的仿真实验里，提取参数 3 前对信号在频域进行了提高信噪比的预处理，而在本节的研究中，为了统一标准，参数 3 是从未进行过预处理的信号中直接提取出的，所以性能和第 3 章相比有所降低。

表 4.4　　特征参数每个指标的评分值

	复杂性	可分离性	稳定性
参数 1	85	94.4	96.5
参数 2	95	87.2	89.3
参数 3	95	90.8	90.9
参数 4	95	89.3	91.3
参数 5	85	95.5	98.7

　　由表 4.4 可知，不同特征参数的每个指标的性能各异，各有优势与劣势，如参数 2、3、4 的复杂性最优，参数 5 的可分离性和稳定性最优。当每个指标赋予一定的权值时，可得到每个特征参数的综合评分值 f 为

$$f = f_1\varepsilon_1 + f_2\varepsilon_2 + f_3\varepsilon_3 \qquad (4.19)$$

式中，f_1、f_2、f_3 分别表示复杂性、可分离性和稳定性指标的评分值；ε_1、ε_2、ε_3 分别表示每个指标的权值，权值大小由实际的应用需求决定。

　　由式 (4.19) 可知，当每个指标的权值发生改变时，综合评分值就会改变，这就意味着每个特征参数的综合评分值是动态的，是随着实际的信号环境与应用需求而改变的，这与当前的作战需求是相吻合的。

　　下面以具体的实验进行分析验证。

　　实验 1：接收到的雷达信号序列中有 4 部雷达，每部雷达包含 1000 个信号，总计 4000 个。信号形式依次为 CW、LFM、FSK 和 BPSK，具体参数同 4.2.1 节。每个信号中随机加入噪声，噪声大小为 15～20dB。假设对此信号序列进行分选处理时，复杂性、可分离性和稳定性的评分值分别要求达到 60、90 和 60。由此评分值可知，当前的首要需求是可分离性，即利用特征参数进行分选要求达到较高的准确率，而对于特征参数的复杂性和稳定性则要求不高，这是因为分选可能是在事后处理，且信号环境比较理想。通过表 4.4 可知，参数 1、3、5 均符合要求，此时需进一步选择最优的特征参数。由应用需求可得到 $\varepsilon_1 = 0.286$，$\varepsilon_2 = 0.428$，$\varepsilon_3 = 0.286$，代入式 (4.19)，可得到特征参数 1、3、5 的综合评分值 f 分别为 92.31、92.03、93.41。由此可知，在当前的应用需求下，特征参数 5 的综合性能最优。为了进一步验证本章所提评估方法的有效性和合理性，分别使用特征参数 1～特征参数 5 对信号序列进行分选，以直观反映出 5 个特征参数在当前应用需求下的分选性能，分选结果如表 4.5 所示。通过表 4.5 可知，使用参数 5 时的分选准确率最高，可达到 99%，比其他参数更能满足当前的应用需求。

表 4.5　　参数 1～参数 5 的分选结果

	参数 1	参数 2	参数 3	参数 4	参数 5
分选时间/s	84	6.9	7	7.1	87
分选准确率/%	98.9	96.2	98.4	97.1	99

实验 2：接收到的雷达信号序列中有 4 部雷达，每部雷达包含 1000 个信号，总计 4000 个。信号形式依次为 CW、LFM、FSK 和 BPSK，具体参数同上。每个信号中随机加入噪声，噪声大小为 0～5dB。假设对此信号进行分选处理时，复杂性、可分离性和稳定性的评分值分别要求达到 90、70 和 90。由此评分值可知，当前的主要需求是复杂性和稳定性，即分选可能在实时的情况下进行，且信号环境复杂。由表 4.4 可知，参数 3、4 均符合要求。由应用需求可得到 $\varepsilon_1 = 0.36$、$\varepsilon_2 = 0.28$、$\varepsilon_3 = 0.36$，代入式 (4.19)，可得到特征参数 3、4 的综合评分值 f 分别为 92.348、92.072。由此可知，在当前的应用需求下，特征参数 3 的综合性能最优。同样为了进一步验证本章所提评估方法的有效性和合理性，分别使用特征参数 1～5 对信号序列进行分选，以直观反映出 5 个特征参数在当前应用需求下的分选性能，分选结果如表 4.6 所示。由表 4.6 可知，虽然参数 1 和参数 5 的分选准确率最高，但分选所用时间远不能满足当前的处理需求，而使用参数 3 时分选所需的时间最短，分选准确率也比较理想，可达到 91.3%，满足当前的应用需求。这充分说明利用本章所提新方法比传统的方法具有更加明显的优势。

表 4.6　参数 1～参数 5 的分选结果

	参数 1	参数 2	参数 3	参数 4	参数 5
分选时间/s	84	6.9	7	7.1	87
分选准确率/%	93.1	88.5	91.3	90.8	94

通过以上实验，说明本节给出的评估指标及量化方法是准确有效的，能够在不同的应用需求下选择性能最优的特征参数，尤其当信号流密度达到百万至千万个每秒时，这种优势将更加明显。例如，在实时处理雷达辐射源信号时，利用本节方法选择的特征参数比传统方法提供的特征参数最多可以节省 2 万秒左右（当信号总数为百万个时）；再如，在事后处理时，利用本节方法选择的特征参数比传统方法提供的特征参数最多可以提高 3%～4% 的分选准确率。

4.3　基于分级多指标的评估方法

4.2 节提出的方法打破了以往基于单指标进行特征参数性能评估的思路，在评估效果上有较大进展，但随着电磁应用环境的日益复杂以及用户需求的更加多样化，还需对评估方法进一步精细化。本节着重从分级评估模型构建、信噪比估计和指标权重确定三个方面介绍一种改进的特征参数评估方法[12]。

4.3.1　分级评估模型构建

由 4.2.1 节分析可知，信噪比特性是讨论三个指标的前提，在不同信噪比范围内，可分离性和鲁棒性两个指标的变化程度各异。例如，图 4.2 中的复杂度特征，在信噪比为 5～10dB 的范围内，分选准确率变化程度为 4%，而在信噪比为 10～15dB 的范围内，分选准确率变化程度为 2%，其他特征参数同样存在这一现象。由此可见，在不同信噪比范围内，同一特征参数的鲁棒性也是不同的，这一现象的原因在于分选结果与信噪比之间并非线性关系。在这样的背景下，对信噪比进行分级，在多个较小信噪比范围内分别评估不同特征参数的鲁棒性，再根据实际信噪比环境，选择相应信噪比等级下的鲁棒性评估结论，较大信噪比范围内只进行一次鲁棒性评估，可提高评估的精度。

此外，由于特征参数的可分离性与信噪比存在着一一对应的关系，在进行可分离性的评估时，如果在一个无噪声的理想情况下评估特征参数的可分离性或者在很宽的信噪比范围内评估特征参数的平均可分离性，那么由于不同特征参数的鲁棒性不同，将无法对于特定信噪比下不同特征参数的实时可分离性进行描述。例如，有两个特征参数 A 和 B，A 在理想情况下的可分离性优于 B，但是 A 的鲁棒性较差，在信噪比为 10dB 时，B 的可分离性优于 A，此时，如果按照理想情况的评估结果选择可分离性好的特征参数即会出现偏差。其原因在于对可分离性评估的条件较实际信噪比环境相差较远，所得可分离性结果偏离实际情况，影响评估结论的准确性。若对信噪比进行分级，在多个较小信噪比范围内分别评估不同特征参数的可分离性，再根据实际信噪比环境，选择相应的信噪比等级评估结论，则可使评估环境与实际情况更加贴近，避免上述偏差的发生。

综上所述，对于可分离性和鲁棒性，进行信噪比分级评估是非常必要的，分级后的评估结果不仅可以提高评估精度，还使结论更加贴近实际情况，增强实际指导意义。但是由于进行信噪比估计时会存在一定误差，过细的分级范围虽然能够提高精度，但是会极大增加运算量，效果并不理想。综合考虑侦察接收机实际情况和信噪比评估算法效能后，提出将 3dB 作为分级标准，每隔 3dB 划分一个信噪比等级，在不同信噪比等级下分别进行特征参数评估，得到不同特征参数在该等级下的指标参数库。整体分级评估模型如图 4.4 所示。

图中 $s_i(0 \leqslant s_i \leqslant 1, i = 1, 2, 3)$ 表示利用第 i 个指标对于特征参数的评分值。随后将不同指标的评分值根据其在具体环境中的重要程度进行赋权，乘以相应权值后，可得到最后的综合评分值 S（也可称为满意度），如

$$S = w_1 s_1 + w_2 s_2 + w_3 s_3 \tag{4.20}$$

式中，w_1、w_2、w_3 分别为时间复杂性、可分离性、鲁棒性三个指标对应的权值。

分级评估模型运行流程如下。

(1)用户根据需求制定作战想定，确定对于不同指标的重视程度。

(2)通过信噪比估计算法估计出接收雷达辐射源信号的信噪比。

(3)根据所估计的信噪比，选定对应的信噪比等级。

(4)利用层次分析法确定三个指标权值。

(5)在指标参数库中，调用该信噪比等级下三个指标的评分值。

(6)对三个指标的评分值进行加权求和，输出最后的满意度。

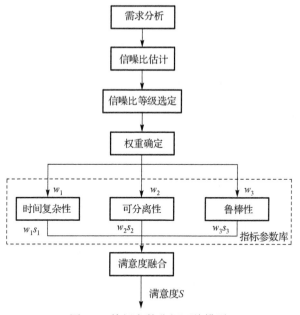

图 4.4　特征参数分级评估模型

上述分析从系统角度介绍了分级评估模型的构建思想和运行流程，下面分别对系统中涉及的关键技术进行介绍。

4.3.2　信噪比评估方法

目前，有很多进行信噪比估计的方法，由于此部分有相对成熟的理论支撑，也不是本节的研究重点，所以只对其中一种较为经典的方法进行介绍[13]。对信号 $X(t)$ 在相同条件下前后延时 τ 的两个时刻分别进行采集，采集序列分别为 $x(n)$ 和 $y(n)$，则两个序列中包含着相同的真实信号和相同方差的噪声信号。设

$$x(n) = s(n) + u_1(n) \tag{4.21}$$

$$y(n) = s(n) + u_2(n) \tag{4.22}$$

式中，$s(n)$ 是信号；$u_1(n)$ 和 $u_2(n)$ 是方差为 δ^2 的噪声信号；$r_{xy}(m)$ 为 $x(n)$ 和 $y(n)$ 的互相关函数，在 $m = 0$ 处的值为

$$r_{xy}(0) = r_s(0) = E_s \tag{4.23}$$

N 为采样个数，当 N 较大时，有

$$\frac{1}{N}\sum_{n=1}^{N-1} x^2(n) = E_x \cong \frac{1}{N}\sum_{n=1}^{N-1} y^2(n) = E_y \tag{4.24}$$

式中，E_s、E_x、E_y 分别是 $s(n)$、$x(n)$ 和 $y(n)$ 的平均功率。$x(n)$、$y(n)$ 的互相关函数 ρ_{xy} 与 E_s、E_x、E_y 的关系为

$$E_s = r_s(0) = \rho_{xy} E_x \tag{4.25}$$

则 x、y 的信噪比 SNR_x、SNR_y 为

$$\text{SNR}_x = \text{SNR}_y = 10\lg\left[\frac{E_s}{E_u}\right] = 10\lg\left[\frac{\rho_{xy}}{1-\rho_{xy}}\right] \tag{4.26}$$

式中，E_u 为噪声信号的平均功率。对含噪声的雷达辐射源信号，取 $y(n) = x(n-5)$，对信噪比取 $0 \sim 25\text{dB}$ 时，仿真结果如图 4.5 所示。

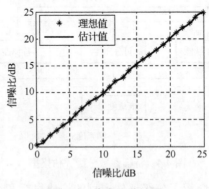

图 4.5　信噪比估计图

由图 4.5 可知，估计值和理想值基本相同，可见信噪比估计算法能够较为准确地进行信噪比估计。

4.3.3　指标权重的确定

评估指标的度量和规范化与 4.2 节基本一致。在指标权重的确定上，4.2 节的方法较为粗犷，而指标权重是各个指标因素在评价过程中重要程度的综合表征。指标权重确定的合理与否，直接关系到整个评价体系的科学性和有效性。

层次分析（Analytic Hierarchy Process，AHP）法[14]是一种多目标决策的定量与定性相结合的系统结构分析方法，将专家经验与理性分析相结合，针对评估模型中同一层次的各个指标，运用两两对比分析的直接比较法，降低比较过程中的不确定因素，最终把复杂的系统研究简化为各要素间的相互比较。因此，借鉴 AHP 法的相关理论，来计算各评估指标的权重。具体步骤如下。

1. 确立指标体系

根据上面分析，特征参数评估指标为时间复杂性、可分离性和鲁棒性。

2. 构造判断矩阵

在确定了指标体系后，设 a_i、a_j 分别为第 i 和第 j 个指标根据战场环境需求，在

斯塔相对重要性等级表中获得的相对重要评分值，从而得到判断矩阵 $\boldsymbol{R}$ 为

$$\boldsymbol{R} = \left[\frac{a_i}{a_j}\right] = \left[x_{ij}\right]_{i \times j} \ (i, j = 1, 2, \cdots, n) \tag{4.27}$$

式中，x_{ij} 为判断矩阵 $\boldsymbol{R}$ 中的元素。

3. 一致性检验

定义一致性检验的一致性比率 CR 为

$$CR = \frac{CI}{RI} \tag{4.28}$$

式中，CI 为一致性指标，有

$$CI = \frac{\lambda_{\max} - n}{n - 1} \tag{4.29}$$

式中，$\lambda_{\max}$ 为判断矩阵的最大实特征根；n 为判断矩阵的维数。

RI 为随机一致性指标，其取值为：当判断矩阵阶数为 3 时，RI 取值为 0.58；当判断矩阵阶数为 4 时，RI 取值为 0.9。

当一致性比率 CR < 0.1 时，判定判断矩阵的不一致性尺度在允许范围内，否则需重新调整判断矩阵，并重复上述计算，直至判断矩阵满足一致性要求。

4. 指标权重的计算

当满足一致性检验后，指标权重可通过几何平均法进行计算，即

$$v_i = \left(\prod_{j=1}^{n} x_{ij}\right)^{\frac{1}{n}}, \quad i = 1, 2, \cdots, n \tag{4.30}$$

将 v_i 进行归一化，即可得到权重向量 $\boldsymbol{w} = [w_1, w_2, \cdots, w_n]$。

$$w_i = \frac{v_i}{\sum\limits_{i=1}^{n} v_i} = \frac{v_i}{v_1 + v_2 + \cdots + v_n} \tag{4.31}$$

得到不同指标权重后，即可根据相应的权重对特征参数进行评估。

4.3.4 评估实验与分析

根据上面所述评估方法，利用 3.2.2 节中的雷达信号参数设置，选择信噪比等级为 -3～0dB、9～12dB 和 18～21dB 三个等级，分别计算出模糊函数、相像系数、复杂度、熵值以及双谱特征五种特征参数（参数 1～5）的具体评分值，如表 4.7～表 4.9 所示。

表 4.7 −3～0dB 信噪比等级下特征参数指标评分表

特征参数	时间复杂性	可分离性	鲁棒性
模糊函数	85	60.8	61.5
相像系数	95	65.2	68.3
复杂度	95	58.8	70.4
熵值	95	55.3	76.3
双谱特征	85	51.5	53.9

表 4.8 9～12dB 信噪比等级下特征参数指标评分表

特征参数	时间复杂性	可分离性	鲁棒性
模糊函数	85	92.8	93.5
相像系数	95	86.5	88.3
复杂度	95	91.8	90.3
熵值	95	88.3	92.3
双谱特征	85	96.5	94.9

表 4.9 18～21dB 信噪比等级下特征参数指标评分表

特征参数	时间复杂性	可分离性	鲁棒性
模糊函数	85	99.1	98.5
相像系数	95	97	96.3
复杂度	95	98.6	98.3
熵值	95	98.3	97.1
双谱特征	85	99.5	98.6

由表 4.7～表 4.9 可知，在不同的信噪比等级下，各种特征参数的时间复杂性是相同的，但是可分离性和鲁棒性却有较明显的差异。例如，在−3～0dB 的低信噪比等级下，五种特征参数的可分离性都不高，相像系数相对最好，而双谱特征在低信噪比时可分离性和鲁棒性都相对较差。在 9～12dB 的中等信噪比等级下，各特征参数在可分离性和鲁棒性上均有较明显区分，此时双谱特征的可分离性和鲁棒性均优于其他参数，与低信噪比等级时的情况完全相反。在 18～21dB 的高信噪比等级下，五种特征参数的可分离性和鲁棒性都比较高，彼此间的性能差异并不明显。由此也进一步验证了 4.3.1 节的分析，即在不同信噪比等级下分别进行特征参数评估是非常必要的，分级后可使评估结果更加实用，贴近实际情况。

为进一步检验分级评估体系的性能，结合两种实际情况分别进行评估验证实验。

1. 实验条件

接收到含有 4 种雷达辐射源信号的一组脉冲信号，每种雷达辐射源信号有 2000 个，总共 8000 个信号。信号调制样式分别为 CW、LFM、FSK 和 BPSK，参数如表 4.10 所示，接收信号信噪比为 10dB。

表 4.10　实验参数表

信号编号	调制类型	特征	参数
1	CW	频点	15MHz，35MHz
2	LFM	带宽，频点	4MHz，25MHz
3	FSK	频点，编码规律	20MHz，35MHz；[101001010]
4	BPSK	编码规律，频点	[100100111010]；25MHz

由接收信噪比为 10dB 可知，需选用 9～12dB 的信噪比等级进行特征参数评估，该信噪比下的指标参数库如表 4.8 所示。

2. 实时处理实验

当截获雷达辐射源信号需要实时处理时，根据指标含义，此时可分离性的需求处于相对次要位置，对于时间复杂性和鲁棒性的要求处于主要位置。结合专家评判，使用 1～9 标度法赋值构造不同指标关系，通过式(4.27)得到判断矩阵 R，计算排序重要性系数，并进行一致性检验。判断矩阵 R 的取值如表 4.11 所示。

表 4.11　判断矩阵取值表

	时间复杂性	可分离性	鲁棒性
时间复杂性	1	9	5
可分离性	1/9	1	1/3
鲁棒性	1/5	3	1

由表 4.11 可知，时间复杂性对可分离性而言是极端重要的，时间复杂性对鲁棒而言是较为重要的，而鲁棒性对可分离性而言是略为重要的。可求得判断矩阵 R 的最大实特征根 $\lambda_{\max} = 3.0290$，$\lambda_{\max}$ 对应的特征向量 w 归一化后得到权重向量 $w_A = [0.7514, 0.0704, 0.1781]$，计算一致性指标 CI = 0.0140，计算判断矩阵的平均一致性指标 CR = 0.025，由于 CR < 0.1，判断矩阵 R 的一致性符合要求。可求得特征参数的综合评分值 f 分别为 88.1、93.9、94.6、94.7、89.0。由此可知，在对时间复杂性要求较高，鲁棒性次之，可分离性要求一般的情况下，熵值具有最优的综合性能。

为验证这一结论的有效性，依次应用模糊函数、相像系数、复杂度、熵值以及双谱特征五种特征参数对 4 种雷达辐射源信号进行分选。采用 KFCM 作为分类器，初始聚类数为 $c = 2$，最大聚类个数 $c_{\max} = 4$，最大迭代次数 $T = 50$，终止门限 $\varepsilon \leqslant 0.001$，核函数为高斯径向基核，结果如表 4.12 所示。由表 4.12 可知，使用熵值特征的分选时间最短且准确率也较为满意，可达到 93.6%，满足当前的应用需求。

表 4.12　五种特征参数分选结果表

	参数 1	参数 2	参数 3	参数 4	参数 5
分选时间/s	84	7.1	7	6.9	87
分选准确率/%	94.9	92.2	94.4	93.6	95

3. 事后处理实验

当截获雷达辐射源信号后不需要实时处理时，根据指标含义，此时对于时间复杂性和鲁棒性的要求处于相对次要位置，对于可分离性要求较高。结合专家评判，使用 1~9 标度法赋值构造不同指标关系，通过式(4.27)得到判断矩阵 R，计算排序重要性系数，并进行一致性检验。判断矩阵 R 的取值如表 4.13 所示。

表 4.13　判断矩阵取值表

	时间复杂性	可分离性	鲁棒性
时间复杂性	1	1/9	1/3
可分离性	9	1	7
鲁棒性	3	1/7	1

由表 4.13 可知，可分离性对时间复杂性而言是极端重要的，鲁棒性对时间复杂性而言是稍重要的，而可分离性对鲁棒性而言是明显重要的。可求得判断矩阵 R 的最大实特征根 $\lambda_{max} = 3.0803$，λ_{max} 对应的特征向量 w 归一化后得到权重向量 $w_A = [0.0658, 0.7854, 0.1488]$，计算一致性指标 CI = 0.0402，计算判断矩阵的平均一致性指标 CR = 0.0693，由于 CR < 0.1，判断矩阵 R 的一致性符合要求。可求得特征参数的综合评分值 f 分别为 93.2、87.2、91.9、89.4、96.2。由此可知，在对可分离性要求较高，其他特征要求一般的背景下，双谱特征具有最优的综合性能。

为验证这一结论的有效性，同样依次应用模糊函数、相像系数、复杂度、熵值以及双谱特征五种特征参数对 4 种雷达辐射源信号进行分选，设置参数同前，结果如表 4.12 所示，由此可知，使用双谱特征的分选准确率最高，可达到 95%，具有最高的可分离性。

仿真实验证明了本节改进方法的有效性，即可根据不同的任务需求、不同接收信噪比条件，分级评估出特征参数性能，选择性能最优的特征参数，尤其是在大密度信号流的环境中，这种评估选择方法的优势将更为突显，也与前面得出的三点基本结论相吻合。

4.4　本章小结

对雷达辐射源信号进行分选、识别是当前电子战的重要组成部分之一，分选、识别的效果好坏由选择的特征参数的性能所决定。目前普遍使用分选、识别准确率这一指标对参数的性能进行评估，由于战场电磁环境复杂多变，作战应用需求多元化、动态化，仅使用一个指标难以全面科学地评估特征参数的性能。本章介绍的脉内特征参数评估方法，在不同的应用需求下可以获取每个特征参数的综合评分值，进而为选择最优的参数打下基础。

参 考 文 献

[1] Zhang G X, Jin W D, Hu L Z. A novel feature selection approach and its application. Lecture Notes in Computer Science, 2004, 33(14): 665-671.

[2] Zhao D, Jin W D. The application of multi-criterion satisfactory optimization in fuzzy controller design. Proceedings of International Workshop on Autonomous Decentralized System, 2002: 162-167.

[3] Zhang G X, Tang Z, Jin W D, et al. Multi-criterion optimization method and its application in control systems//Proceedings of the 7th World Multiconference on Systems, Cybernetics and Informatics, 2003.

[4] 王国胤. Rough 理论与知识获取. 西安: 西安交通大学出版社, 2001.

[5] Walczak B, Massart D L. Rough sets theory. Chemometrics and Intelligent Laboratory Systems, 1999, 47(1): 1-16.

[6] 张润楚. 多元统计分析. 北京: 科学出版社, 2006.

[7] Zhang G X, Hu L Z, Jin W D. Resemblance coefficient based intrapluse feature extraction approach for radar emitter signals. Chinese Journal of Electronics, 2005, 14(2): 337-341.

[8] Zhang G X, Rong H N, Hu L Z, et al. Entropy feature extraction approach of radar emitter signals// Proceedings of International Conference on Intelligent Mechatronics and Automation, Chengdu, 2004.

[9] Han J, He M H, Tang Z K, et al. Estimating in-pulse characteristics of radar signal based on multi-index. Chinese Journal of Electronics, 2011, 20(1): 187-191.

[10] 张葛祥. 雷达辐射源信号智能识别技术研究[博士学位论文]. 成都: 西南交通大学, 2005.

[11] 陈颖文. 空战武器装备系统的效能评估技术研究[硕士学位论文]. 长沙: 国防科学技术大学, 2003.

[12] 陈昌孝, 何明浩, 冯明月, 等. 基于 CSS 体系的雷达辐射源信号特征参数评估. 现代防御技术, 2015, 43(5): 33-38.

[13] 张国柱, 黄可生, 周一宇, 等. 基于加权 AVA 的 SVM 辐射源识别算法研究. 信号处理, 2006, 22(3): 357-360.

[14] 蔡雁, 吴敏, 周晋妮, 等. 基于层次分析法的储位模糊多准则优化方法. 湖南大学学报(自然科学版), 2013, 40(6): 103-108.

第5章 SVM 分类器评估与选择

第 3 章和第 4 章重点对雷达辐射源信号脉内特征参数的提取与评估进行了研究，在雷达辐射源分选与识别技术中，除了特征参数以外，分类器的性能优劣也决定着最终的结果。目前应用于雷达辐射源分选、识别的分类器主要包括神经网络和 SVM 两大类，鉴于 SVM 对小样本和非线性类具有良好的分类效果，本章着重研究 SVM 分类器的评估与选择。首先对核理论进行介绍，通过实验分析核函数和模型参数对 SVM 分类器的影响，并给出一种基于多指标的核函数综合评估方法。其次，针对模型参数对 SVM 分类器影响较大的问题，对优化算法进行研究，给出基于智能优化算法的 SVM 模型参数优化方法。最后，针对优化后的 SVM 分类器给出一种性能评估方法，为提高雷达辐射源信号识别效能打下基础。

5.1 核函数及其对 SVM 的影响

SVM 能够对非线性样本进行分类，原理在于其利用核函数将样本从不可分的低维空间映射到可分的高维空间，这样就将非线性不可分问题转换为线性可分问题，如图 5.1 所示。

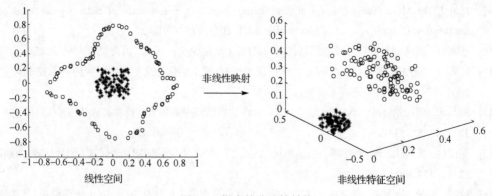

图 5.1 样本的非线性转换

5.1.1 核理论

核理论自 Mercer 于 1909 年提出后，由于其思想悖于常理遭到了一些学者的质疑。传统理论认为对于复杂问题的处理方法是使其简化(降维处理)，核理论却主导升维，导致计算量的增加，甚至会导致"维数灾难"。直到统计学习、SVM 等理论的出现，核理论才受到重视并成为研究的热点并被广泛应用于模式识别、回归、非线性特征提取等领域[1]。

图 5.1 展示了由非线性样本空间到特征空间的映射过程，其实质是利用核理论实现了由样本空间到特征空间的非线性转换。设输入样本为 $X = \{x_1, x_2, \cdots, x_n\}, x_i \in R^n$，$K(x_i, x_j)$ 为一连续对称函数，则可以得到矩阵 K 为

$$K = \begin{bmatrix} K(x_1, x_1) & K(x_1, x_2) & \cdots & K(x_1, x_n) \\ K(x_2, x_1) & K(x_2, x_2) & \cdots & K(x_2, x_n) \\ \vdots & \vdots & & \vdots \\ K(x_n, x_1) & K(x_n, x_2) & \cdots & K(x_n, x_n) \end{bmatrix} = (K(x_i, x_j))_{i,j=1}^n \tag{5.1}$$

由于矩阵 K 为一对称矩阵，所以可将其对角化并得到特征值 $\lambda_i (i = 1, 2, \cdots, n)$，其对应的特征矢量为 $v_j = (v_{ij})_{i=1}^n$，则矩阵 K 的元素可以表示为

$$\begin{aligned} K_{ij} &= K(x_i, x_j) \\ &= \sum_{k=1}^n \lambda_k v_{ik} v_{jk} \\ &= \sum_{k=1}^n \lambda_k \boldsymbol{\varphi}(x_i) \boldsymbol{\varphi}(x_j) \\ &= \langle \boldsymbol{\varphi}(x_i), \boldsymbol{\varphi}(x_j) \rangle \end{aligned} \tag{5.2}$$

式 (5.2) 为一种变量映射，$K(x_i, x_j)$ 就为核函数。将其推广到 Hilbert 空间，可以表示为

$$\begin{cases} \phi : x \to \varphi(x) \\ K(x_i, x_j) = \langle \boldsymbol{\varphi}(x_i), \boldsymbol{\varphi}(x_j) \rangle \end{cases} \tag{5.3}$$

通常非线性映射 ϕ 比较复杂，而核函数相对简单，这是核理论性能优异之处。但并非所有的函数都可以作为核函数，核函数必须满足 Mercer 定理。

定理 5.1　Mercer 定理

令 $x \in R^n$ 和映射 ϕ，则 $\phi : x \to \varphi(x)$，那么特征空间的内积运算为

$$K(x, x') = \langle \boldsymbol{\varphi}(x), \boldsymbol{\varphi}(x') \rangle \tag{5.4}$$

式中，$K(x, x')$ 为对称连续函数，并满足如下条件

$$\iint K(x, x') g(x) g(x') \mathrm{d}x \mathrm{d}x' \geqslant 0 \tag{5.5}$$

对任意 $g(x)$，有

$$\int g(x)^2 \mathrm{d}x < +\infty \tag{5.6}$$

反之成立。满足式 (5.4) 和式 (5.5) 的连续函数 $K(\cdot, \cdot)$，称为核函数。

根据统计学习理论，只要一个运算满足定理 5.1，就可以作为内积使用。因此，可以通过核函数将低维样本空间非线性不可分问题转化为高维特征空间线性可分问题来求解。但如果对其直接进行内积运算，则会导致"维数灾难"。定理 5.1 通过样本空间上的二元函数 $K(\cdot,\cdot)$ 来计算内积，不需要知道映射的具体形式，有效避免了"维数灾难"。

5.1.2　核函数

核函数是确保 SVM 分类器能对非线性样本进行识别的关键，目前核函数种类较多，选择适合于特征向量和 SVM 分类器的核函数和核函数参数是提升 SVM 分类器性能的关键。

常用的核函数如下。

1. 线性核函数（Linear）

$$K(x,x') = x \cdot x' \tag{5.7}$$

该核函数是多项式核的一种特例。

2. 多项式核函数（Polynomial，Poly）

$$K(x,x') = \left(v(x \cdot x') + c\right)^p \tag{5.8}$$

该核函数参数多，计算复杂，式（5.8）中，v 一般取 1，根据 c 和 p 取值的不同，可以得到除线性核之外该核函数的其余特殊形式，如

（1）齐次多项式核函数：$K(x,x') = (x \cdot x')^p$，即 $c = 0, p \in \mathbf{R}^+$。

（2）非齐次多项式核函数：$K(x,x') = ((x \cdot x') + c)^p$，即 $c, p \in \mathbf{R}^+$。

3. 高斯核函数（Gauss）

$$K(x,x') = \exp\left(\frac{-\|x - x'\|}{2\delta^2}\right) \tag{5.9}$$

该核函数不需要先验知识，核函数参数 δ 控制核函数的性能，该函数也称为径向基（RBF）核函数。

4. 多层感知器核函数（Sigmoid）

$$K(x,x') = \tanh[v(x \cdot x') + c] \tag{5.10}$$

式中，$v, c > 0$。使用该核函数时，SVM 相当于包含一个多层感知器。

除上述四种常用的核函数，还有 B-样条核函数、傅里叶核函数等。

核函数主要有以下性质[2,3]。

（1）设 K_1、K_2 是 $X \times X$ 上的核函数，$f(\cdot)$ 为 X 上的实函数，映射 $\phi: x \to \mathbf{R}^n$，K_3 是 $\mathbf{R}^n \times \mathbf{R}^n$ 的核函数，B 为半正定对称矩阵，则下列函数仍为核函数，即

$$K(\boldsymbol{x}, \boldsymbol{x}') = K_1(\boldsymbol{x}, \boldsymbol{x}') + K_2(\boldsymbol{x}, \boldsymbol{x}')$$

$$K(\boldsymbol{x}, \boldsymbol{x}') = aK_1(\boldsymbol{x}, \boldsymbol{x}')$$

$$K(\boldsymbol{x}, \boldsymbol{x}') = K_1(\boldsymbol{x}, \boldsymbol{x}')K_2(\boldsymbol{x}, \boldsymbol{x}')$$

$$K(\boldsymbol{x}, \boldsymbol{x}') = f(\boldsymbol{x})f(\boldsymbol{x}')$$

$$K(\boldsymbol{x}, \boldsymbol{x}') = K_3\left(\phi(\boldsymbol{x}), \phi(\boldsymbol{x}')\right)$$

$$K(\boldsymbol{x}, \boldsymbol{x}') = \boldsymbol{x}^{\mathrm{T}}\boldsymbol{B}\boldsymbol{x}'$$

(2) 设 K_1 是 $\boldsymbol{X} \times \boldsymbol{X}$ 上的核函数，$p(\cdot)$ 为多项式函数，则下列函数也仍为核函数，即

$$K(\boldsymbol{x}, \boldsymbol{x}') = p\left(K_1(\boldsymbol{x}, \boldsymbol{x}')\right)$$

$$K(\boldsymbol{x}, \boldsymbol{x}') = \exp\left(K_1(\boldsymbol{x}, \boldsymbol{x}')\right)$$

$$K(\boldsymbol{x}, \boldsymbol{x}') = \exp\left(\frac{-\|\boldsymbol{x} - \boldsymbol{x}'\|}{2\delta^2}\right)$$

由于 SVM 中使用了核函数，其模型参数在原有惩罚系数 C 的基础上增加了核函数参数，使得 SVM 在实际使用中存在两个主要问题。

(1) 核函数的性能存在一定的差异，在使用核函数时需要依靠经验或一定的先验知识。所以，如何对现有核函数性能进行全面的评估，并在不同环境下选择最适合的核函数，是亟待解决的问题。

(2) 选定了核函数之后，需确定模型参数。由于核函数参数决定着核函数的性能，而惩罚系数决定着对错分样本的惩罚程度，模型参数的确定至关重要。

5.1.3　实验与分析

为验证核函数以及模型参数对 SVM 分类器的影响，进行如下仿真实验。

实验 1：核函数对 SVM 分类器的影响。

分别在 0dB、8dB 和 15dB 时提取四种特征参数，其中在 0dB 时提取样本数为 200、1000、2000、3000、4000、5000，其余 SNR 条件下的样本数为 100，其中一半用于训练，一半用于识别；SVM 分类器所用核函数分别为线性核函数、多项式核函数、RBF核函数和多层感知器核函数，模型参数为 SVM 分类器默认值。由此可以得到在不同 SNR 条件下利用不同核函数对四种特征参数的识别准确率如表 5.1 所示；在不同训练样本下利用不同核函数对四种特征参数的识别准确率如表 5.2 所示。

表 5.1　不同核函数在不同 SNR 条件下对四种特征参数的识别准确率　　　　（单位：%）

特征参数	核函数	SNR		
		0dB	8dB	15dB
复杂度特征	Linear	87.25	97.75	97.5
	Poly	89.5	97.5	97.5
	RBF	90.25	98.5	100
	Sigmoid	86.25	97.5	97.5

续表

特征参数	核函数	SNR		
		0dB	8dB	15dB
相像系数特征	Linear	74.5	88	89
	Poly	74.5	88	89
	RBF	74.5	88.25	89.25
	Sigmoid	74.75	87.25	89.25
模糊函数特征	Linear	81	98.75	99
	Poly	81	99	100
	RBF	92.75	99	100
	Sigmoid	72	98	98
双谱特征	Linear	97.5	100	100
	Poly	97.5	100	100
	RBF	98.75	100	100
	Sigmoid	96.5	100	100

表 5.2　不同核函数在不同训练样本条件下对四种特征参数的识别准确率　　（单位：%）

特征参数	核函数	训练样本数					
		100	500	1000	1500	2000	2500
复杂度特征	Linear	87.25	89.5	91	92.125	93	93.125
	Poly	89.5	91.25	92.75	93.325	93.325	93.375
	RBF	90.25	91.25	92.5	93	93	93
	Sigmoid	86.25	88.25	91	92	91.125	91.125
相像系数特征	Linear	74.5	74.5	75	75	75	75
	Poly	74.5	75.5	77.25	77.25	77.25	77.25
	RBF	74.5	75	76.25	77.25	78	78
	Sigmoid	74.75	75	77	77.5	77.25	77.5
模糊函数特征	Linear	81	88.75	87.5	88.5	88.25	88.75
	Poly	81	87.5	89	89	89	89
	RBF	92.75	93.25	93.75	94	94	94
	Sigmoid	72	89.25	86.5	86.75	87.5	87.25
双谱特征	Linear	97.5	97.5	98.25	98.25	98.25	98.25
	Poly	97.5	98.25	98.25	98.25	98.25	98.25
	RBF	98.75	99	99.25	99.25	99.25	99.25
	Sigmoid	96.5	97.25	98	97.5	98	98

　　由表 5.1 和表 5.2 可知，不同核函数对特征参数的识别准确率有明显影响，且没有一种核函数所表现出的性能明显好于其他核函数。一般来说，RBF 核函数具有最好的性能，但是通过实验发现，也并非绝对，在处理某些特征参数时（如表 5.1 中的相像系数特征，表 5.2 中的复杂度特征），其识别准确率反而低于某些核函数。在表 5.2 中，各个核函数随着训练样本的改变所表现出来的稳定性也不相同，同样不能反映哪个性

能更好。因此，在选择核函数时并不能依据经验，必须要有一种科学合理的、完备的评估和选择方法。

实验 2：验证模型参数对识别准确率的影响。

选择 SNR 为 0dB 时的复杂度特征作为识别所用特征参数，首先确定惩罚参数 C，考察核函数参数对分类器的影响。分别选择 RBF 核函数和多项式核函数进行分析。其中 RBF 核函数参数的取值为 $\gamma = \left(\dfrac{1}{2\delta^2}\right) \in (2^{-3}, 2^6)$，多项式核函数参数的取值为 $p \in (2^0, 2^8)$，RBF 和多项式核函数参数对识别准确率的影响如图 5.2 所示。

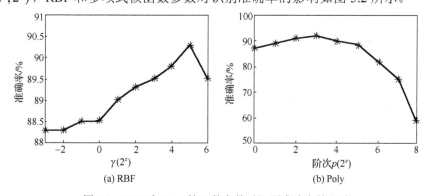

图 5.2　RBF 和 Poly 核函数参数对识别准确率的影响

由图 5.2 可知，核函数参数对识别结果有着不同的影响，利用 RBF 核函数进行识别的准确率最大值和最小值相差 2%，而利用多项式核函数进行识别的准确率最大值和最小值相差 5%（截至 2^6）。可见，RBF 核函数的稳定性要好于多项式核函数，多项式核函数在 $p = 2^6$ 后性能开始恶化，而且运算时间也大大增加。

确定每种核函数的参数，考察惩罚系数 C 对识别结果的影响。选择 0dB 时的 4 种特征参数为识别所用的特征参数，核函数选择 RBF，核函数参数取值为 SVM 分类器默认值，惩罚系数对识别准确率的影响如图 5.3 所示。

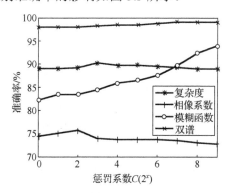

图 5.3　惩罚系数对识别准确率的影响

由图 5.3 可知，随着 C 的改变，SVM 分类器对各个特征参数的识别准确率也随之发生改变，但各个特征参数的变化范围不同，如双谱特征参数的变化最小，而模糊函数特征参数的变化范围最大。

由实验 2 可知，无论核函数参数还是惩罚系数，都会对 SVM 分类器造成一定影响，有必要对模型参数进行优化选择。

5.2　基于多指标的核函数综合评估与选择方法

目前，评估核函数的方法主要有以下 3 类[4-8]：①依据分类器的评估方法，如 K-CV 和 LOO 及其估计上界（主要有 Joachims 上界和 Jaakkola-Haussler 上界）；②依据识别结果综合应用多种统计量的评估方法，如配对 t 测试方法（paired t-test）、纠正重复采样 t 测试方法（corrected resample t-test），这类方法应用数理统计，计算量巨大；③独立于分类器的核函数评估方法，如核排列、核极化、局部核极化以及基于特征空间的核矩阵度量标准等，这类方法无须知道 SVM 的泛化能力，只关注样本被映射到特征空间后的分类能力。这三类方法都能对核函数进行评估，评估结果也能为选择核函数提供依据，但都是基于某一方面进行评估，不具全面性，为此有必要从核函数本身及雷达辐射源信号实际出发，建立科学、全面的评估方法。文献[9]给出了一种基于多指标的核函数综合评估与选择方法。

5.2.1　评估指标及模型的建立

从效果上看，使用不同核函数的 SVM 分类器对同一特征参数的识别准确率不同，样本数不同时，核函数特征参数的识别准确率也不同。但识别准确率这一指标只能用于验证和分析某一具体样本情况下核函数对该样本处理能力，不具备全面性和科学性。因此，仅使用识别准确率对核函数进行评估不能为核函数的选择提供全面指导依据。

雷达辐射源信号在传播和处理的过程中，会受到各种噪声的影响，造成信号畸变，而且接收到的样本容量也有限。因此，可以根据以下几点来设计核函数的评估指标。

(1)特征参数对识别准确率的影响主要体现在可分离性上，而样本通过核函数由低维样本空间转换到高维特征空间，在高维特征空间中的可分离性将决定分类器的识别结果，因此，可以选择核函数的可分离性作为评估指标，简称可分离性。

(2)接收机接收到的信号样本容量取决于侦收到的脉冲个数，导致样本容量变化范围大且不易控制，而且接收到的信号样本容量多为小样本，这就对核函数抗训练样本扰动能力提出了更高要求。因此，可以提出稳定性指标用于评估核函数抗训练样本的扰动能力，简称稳定性。

(3)不同核函数的参数个数不同，如线性核函数的参数个数为 0，多项式核函数的理论参数个数为 3，RBF 核函数只有 1 个参数，而多层感知器核函数则有 2 个参数。核函数参数越多，需要确定核函数参数取值的时间越长，这就导致 SVM 分类器的识别时间也越长。基于此可以选择核函数参数的个数，实现对核函数的复杂性进行评估，简称复杂性。

上述三个指标构成了核函数评估指标体系，为对核函数进行合理的评估需要建立合适的评估模型，评估模型采用加权和模型，其结构如图 5.4 所示。

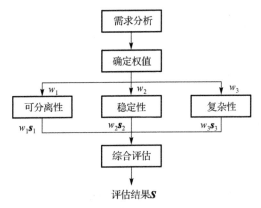

图 5.4　评估模型结构

其中，$w_i(i=1,2,3)$ 为指标权值，$s_{ij}(i=1,2,3,j=1,2,\cdots,n)$ 表示利用第 i 个指标对第 j 个核函数评价的满意值（也可称为评分值）。然后利用加权和方法计算得到综合评分值 S（即评估结果），即

$$S = f(w, s) \tag{5.11}$$

其步骤如下。

(1) 指标规范化，求得 $s_{ij}(i=1,2,3,j=1,2,\cdots,n)$。

(2) 利用一定的权值确定方法确定权值 $w_i(i=1,2,3)$。

(3) 令 $S_j = \sum_{i=1}^{3} w_i s_{ij}$，根据求得的 S_j 值对核函数进行评估并选择。

5.2.2　评估指标计算方法

1. 可分离性的计算

可分离性的计算主要由以下两部分构成：映射和模式分析方法，其中映射由核函数完成，依赖于具体的样本数据，并由该样本构造核矩阵；模式分析方法主要从核矩阵中搜索得到具体的模式。因此，核矩阵是计算核函数可分离性的关键。

定义 5.1　核矩阵[10,11]

对于训练样本集 $x = \{x_1, x_2, \cdots, x_n\}$ 以及核函数 $K(\cdot, \cdot)$，核矩阵为一个 $n \times n$ 的矩阵 G，其中

$$G_{ij} = K(\boldsymbol{x}_i, \boldsymbol{x}_j), \quad i, j = 1, 2, \cdots, n \tag{5.12}$$

即

$$\boldsymbol{G} = \begin{bmatrix} K(\boldsymbol{x}_1, \boldsymbol{x}_1) & K(\boldsymbol{x}_1, \boldsymbol{x}_2) & \cdots & K(\boldsymbol{x}_1, \boldsymbol{x}_n) \\ K(\boldsymbol{x}_2, \boldsymbol{x}_1) & K(\boldsymbol{x}_2, \boldsymbol{x}_2) & \cdots & K(\boldsymbol{x}_2, \boldsymbol{x}_n) \\ \vdots & \vdots & & \vdots \\ K(\boldsymbol{x}_n, \boldsymbol{x}_1) & K(\boldsymbol{x}_n, \boldsymbol{x}_2) & \cdots & K(\boldsymbol{x}_n, \boldsymbol{x}_n) \end{bmatrix} \tag{5.13}$$

核矩阵也称为 Gram 矩阵。当核矩阵为半正定时，核 $K(\cdot, \cdot)$ 为有效核。

核矩阵主要有以下两个性质。

(1) 样本在特征空间的分布性。假设有两类样本，在核矩阵 $\boldsymbol{G}$ 中，可以通过其反映的相关信息来确定核函数对分类性能存在影响的一些性质，如类间距等。这也是计算可分离性指标的有效方法。

(2) 核相似性。衡量两个核矩阵 $\boldsymbol{G}_1$、$\boldsymbol{G}_2$ 之间的相似性，即

$$A(\boldsymbol{G}_1, \boldsymbol{G}_2) = \langle \boldsymbol{G}_1, \boldsymbol{G}_2 \rangle / (\langle \boldsymbol{G}_1, \boldsymbol{G}_1 \rangle \cdot \langle \boldsymbol{G}_2, \boldsymbol{G}_2 \rangle)^{\frac{1}{2}} \tag{5.14}$$

根据式 (5.14)，可以计算核矩阵与校验矩阵的相似性，并可据此对核函数做出评价，核矩阵与校验矩阵越相似，核函数性能越好。

下面利用样本在特征空间的分布性，对可分离性指标进行计算。

令 $\boldsymbol{m}_i$、$\boldsymbol{m}_j$ 分别为第 i 类样本和第 j 类样本在核空间的中心向量，有

$$\begin{cases} \boldsymbol{m}_i = \dfrac{1}{l_i} \sum_{k=1}^{l_i} \phi(\boldsymbol{x}_k^i) \\ \boldsymbol{m}_j = \dfrac{1}{l_j} \sum_{n=1}^{l_j} \phi(\boldsymbol{x}_n^j) \end{cases} \tag{5.15}$$

式中，$\phi(\cdot)$ 为特征空间；l_i、l_j 分别表示第 i 类和第 j 类的样本个数；$\boldsymbol{x}_k^i$、$\boldsymbol{x}_n^j$ 分别表示特征参数中第 i 类和第 j 类中的样本向量。

第 i 类信号与第 j 类信号的核空间类间距离 D_{ij} 为

$$D_{ij} = \| \boldsymbol{m}_i - \boldsymbol{m}_j \|$$

$$= \left(\frac{1}{l_i^2} \sum_{k=1}^{l_i} \sum_{n=1}^{l_i} K(\boldsymbol{x}_k^i, \boldsymbol{x}_n^i) + \frac{1}{l_j^2} \sum_{k=1}^{l_j} \sum_{n=1}^{l_j} K(\boldsymbol{x}_k^j, \boldsymbol{x}_n^j) - \frac{2}{l_i l_j} \sum_{k=1}^{l_i} \sum_{n=1}^{l_j} K(\boldsymbol{x}_k^i, \boldsymbol{x}_n^j) \right)^{\frac{1}{2}} \tag{5.16}$$

第 i 类信号的核空间类内聚集度 C_{ii} 为

$$C_{ii} = \max \{ \| \phi(\boldsymbol{x}^i) - \boldsymbol{m}_i \| \}$$

$$= \max \left\{ \left(K(\boldsymbol{x}^i, \boldsymbol{x}^i) + \frac{1}{l_i^2} \sum_{k=1}^{l_i} \sum_{n=1}^{l_i} K(\boldsymbol{x}_k^i, \boldsymbol{x}_n^i) - \frac{2}{l_i} \sum_{k=1}^{l_i} K(\boldsymbol{x}^i, \boldsymbol{x}_k^i) \right)^{\frac{1}{2}} \right\} \tag{5.17}$$

由此可得核空间可分类性的定义。

定义 5.2　第 i 类信号与第 j 类信号的类间分离度 S_{ij} 定义为

$$S_{ij} = \frac{D_{ij}}{C_{ii} + C_{jj}} \tag{5.18}$$

如果用于识别的信号共有 H 类，则评价核函数可分离性质量的准则函数为

$$f = \frac{2}{H(H-1)} \sum_{i=1}^{H-1} \sum_{j=i+1}^{H} S_{ij} \tag{5.19}$$

显然，f 的值越大，核空间可分离度的质量就越高，并按上凸递增型函数归一化 f 指标。指标评分值 Z_i 函数形式为

$$Z_i = \begin{cases} 0, & y_i \leqslant y_i^{\min} \\ 100\sin\left(\dfrac{y_i - y_i^{\min}}{y_i^{\max} - y_i^{\min}} \times \dfrac{\pi}{2} \right), & y_i^{\min} < y_i < y_i^{\max} \\ 100, & y_i \geqslant y_i^{\max} \end{cases} \tag{5.20}$$

式中，Z_i 为第 i 个指标值 y_i 的评分值；$y_i^{\max}$ 和 $y_i^{\min}$ 是 y_i 的满意点和无效点。

2. 稳定性的计算

好的核函数应该具有高的稳定性，这样才有助于提高 SVM 分类器的性能。不同的核函数具有不同的抗样本扰动能力，即不同的稳定性。

对于一个分类函数 $f(\boldsymbol{x})$，首先假设其在点 $\boldsymbol{x}_k$ 能够正确分类，即 $y_k f(\boldsymbol{x}_k) > 0$。其中，$f(\boldsymbol{x}_k)$ 的值越大，表明其在点 $\boldsymbol{x}_k$ 处的稳定性越好；其次将梯度引入稳定性的计算中，根据梯度的定义，$f(\boldsymbol{x}_k)$ 的梯度 $\nabla f(\boldsymbol{x}_k)$ 表示 $f(\boldsymbol{x}_k)$ 在点 $\boldsymbol{x}_k$ 处的值增长最快的方向，如果要求 $f(\boldsymbol{x}_k)$ 的稳定性越好，则要求 $f(\boldsymbol{x}_k)$ 在点 $\boldsymbol{x}_k$ 处的值的变化率越小。设梯度的范数 $\|(\nabla f(\boldsymbol{x}_k))\|$ 为 $f(\boldsymbol{x}_k)$ 在点 $\boldsymbol{x}_k$ 处的值的变化率，根据以上两点可以定义 $|f(\boldsymbol{x}_k)|\|(\nabla f(\boldsymbol{x}_k))\|^{-1}$ 为 $f(\boldsymbol{x}_k)$ 在点 $\boldsymbol{x}_k$ 处的抗扰动能力，即稳定性。

定义 5.3　设 $y_k f(\boldsymbol{x}_k) > 0$，则决策函数 $f(\boldsymbol{x})$ 在点 $\boldsymbol{x}_k$ 的稳定性定义为

$$S(f, \boldsymbol{x}_k) = |f(\boldsymbol{x}_k)| \|(\nabla f(\boldsymbol{x}_k))\|^{-1} \tag{5.21}$$

$S(f, \boldsymbol{x}_k)$ 越大表明 $f(\boldsymbol{x})$ 在点 $\boldsymbol{x}_k$ 的稳定性越好，反之则越差。

由于 SVM 的识别能力取决于其边界支持向量，将函数 $f(\boldsymbol{x})$ 的稳定性定义为在边界支持向量集上 $S(f, \boldsymbol{x}_k)$ 的平均值，即

$$S(f) = \text{mean}\{S(f, \boldsymbol{x}_k)\} \tag{5.22}$$

如果用于识别的信号共有 H 类，则评价核函数稳定性质量的准则函数为

$$f = \frac{2}{H(H-1)} \sum_{i=1}^{H-1} \sum_{j=i+1}^{H} S(f) \tag{5.23}$$

式中，i、j 表示不同类别。显然，f 的值越大，核函数的稳定性越好，并按上凸递增型模型归一化 f 指标，计算公式如式(5.20)所示。

通过以上分析可以得到稳定性 $S(f, \boldsymbol{x}_k)$ 具有以下性质。

(1) $S(f, \boldsymbol{x}_k) \geqslant 0$。

(2) $S(f, \boldsymbol{x}_k)$ 越大，核函数的稳定性越好，由该核函数组成的 SVM 分类器的性能也越好。

(3) $S(f, x_k)$ 是在输入空间进行计算的，因此利用此定义作为评估指标对于不同核函数是一致的。

为方便计算，以下给出常用核函数的梯度计算公式。

(1)线性核函数

$$\nabla K(\boldsymbol{x}, \boldsymbol{x}') = \boldsymbol{x}' \tag{5.24}$$

(2)多项式核函数($v = 1$)

$$\nabla K(\boldsymbol{x}, \boldsymbol{x}') = d\left(\langle \boldsymbol{x}, \boldsymbol{x}' \rangle + c\right)^{p-1} = \frac{d\left(K(\boldsymbol{x}, \boldsymbol{x}')\right)}{\left(\langle \boldsymbol{x}, \boldsymbol{x}' \rangle + c\right) \boldsymbol{x}'} \tag{5.25}$$

(3)RBF 核函数

$$\nabla K(\boldsymbol{x}, \boldsymbol{x}') = \left(-\frac{1}{\delta^2}\right) \exp\left(-\frac{\|\boldsymbol{x} - \boldsymbol{x}'\|^2}{2\delta^2}\right)(\boldsymbol{x} - \boldsymbol{x}')$$

$$= \left(-\frac{1}{\delta^2}\right) K(\boldsymbol{x}, \boldsymbol{x}')(\boldsymbol{x}, \boldsymbol{x}') \tag{5.26}$$

(4)多层感知器核函数

$$\nabla K(\boldsymbol{x}, \boldsymbol{x}') = \frac{\partial v(\boldsymbol{x}, \boldsymbol{x}')}{\partial x} \cdot \left[1 - \left(\tanh(v(\boldsymbol{x}, \boldsymbol{x}') + c)\right)^2\right]$$

$$= \frac{\partial v(\boldsymbol{x}, \boldsymbol{x}')}{\partial x} \cdot \left[1 - (K(\boldsymbol{x}, \boldsymbol{x}'))^2\right] \tag{5.27}$$

3. 核函数参数的度量

由核函数表达式可知，线性核函数的参数个数为 0，多项式核函数的参数理论个数为 3，RBF 核函数的参数个数为 1，多层感知器核函数的参数个数为 2。核函数参数个数越多，选择越困难，消耗的时间越长，对 SVM 分类器的影响也越大。由于复杂性为定性指标，无法使用规范化函数对其进行计算和处理，所以需要确定其评分值进行量化处理。参照杜派的经验量化方法，设核函数参数个数为 0 时的评分值最佳，为 100 分，每增加一个参数递减一个等级，如有一个参数时的评分值就递减到 86 分，有两个参数时就递减到 72 分以此类推，具体如表 5.3 所示。

表 5.3　映射关系表

参数个数	0	1	2	3	4
评分值	100	86	72	58	44

由表 5.3 可以得到，各个核函数对应的复杂性指标的评分值：线性核函数的评分值为 100，多项式核函数的评分值为 58（由于在实际应用中，多项式核函数中的 v 一般定为 1，所以只用考虑两个核参数，在本书的研究中就将多项式核函数的评分值定为72），RBF 核函数的评分值为 86，多层感知器核函数的评分值为 72。

5.2.3　实验与分析

为验证本节核函数评估方法的有效性，给出如下仿真实验：利用已提取的复杂度、模糊函数、双谱特征参数以及 Wine 数据作为样本数据（Wine 数据来自 UCI 标准数据库），分别计算可分离性评估指标和稳定性评估指标，各个核函数所用的参数取值为 SVM 分类器的默认值。SVM 利用不同核函数对 Wine 数据进行识别的识别准确率如图 5.5 所示。其中，横坐标 1～4 分别表示线性核函数、多项式核函数，RBF 核函数以及多层感知器核函数，训练样本 1 为 89 个样本，训练样本 2 为 44 个样本。

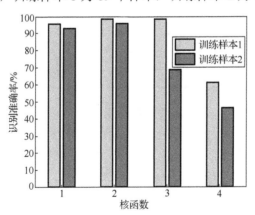

图 5.5　Wine 数据识别准确率

表 5.4～表 5.7 分别为评估指标的原始值及换算后的评分值。

表 5.4　不同核函数的可分离性指标的原始值

核函数 ＼ 特征参数	复杂度	模糊函数	双谱	Wine 数据
Linear	0.2411	0.2781	0.2961	0.2400
Poly	0.3172	0.2818	0.2908	0.2294
RBF	0.4294	0.4103	0.4633	0.3694
Sigmoid	0.2000	0.2061	0.2379	0.1034

表5.5　不同核函数的可分离性指标的评分值

核函数　　特征参数	复杂度	模糊函数	双谱
Linear	81.16	76.67	90.05
Poly	94.76	77.42	89.15
RBF	99.33	96.06	98.33
Sigmoid	70.70	60.32	78.37

表5.6　不同核函数的稳定性指标的原始值

核函数　　特征参数	复杂度	模糊函数	双谱	Wine 数据
Linear	0.5568	0.5435	0.7576	0.8453
Poly	1.0050	0.6869	1.0553	0.9530
RBF	0.7214	0.6662	0.8283	0.8748
Sigmoid	0.5929	0.4779	0.6304	0.5266

表5.7　不同核函数的稳定性指标的评分值

核函数　　特征参数	复杂度	模糊函数	双谱
Linear	76.40	86.73	88.24
Poly	99.85	97.34	99.70
RBF	90.41	96.41	93.22
Sigmoid	80.23	87.71	78.33

由表5.4和表5.5可知，可分离性指标适用于 Wine 数据。与表5.1比较可以发现，可分离性指标的原始值与对应特征参数的识别准确率相吻合，这一事实说明，可分离性指标可以表征核函数将数据由低维空间映射到高维空间后的可分离能力。表5.5的值可用于对核函数的综合评估与选择。综合表5.4和表5.5，RBF 核的稳定性要高于其余核函数。

由表5.6和表5.7可知，Wine 数据的稳定性原始值与其识别准确率随样本数量的变化趋势吻合。与表5.2比较可以发现，稳定性指标的原始值与对应特征参数在不同训练样本下的识别准确率的变化范围及趋势相吻合，说明稳定性指标可以表征核函数的抗样本扰动能力。表5.7得到的评分值可用于对核函数的综合评估与选择。就表5.6和表5.7而言，多项式核函数的稳定性总体要高于其余核函数。

通过对三个评估指标的计算和分析可以得到，每种核函数都有自己的优势，并没有一种适合于所有环境的核函数，故需要根据环境对核函数进行综合评估，并选择出最适合的核函数，使 SVM 分类器在该环境下得到最佳的性能。

得到各项指标的评分值后，根据评估模型，设置相应的权重后可得到每种核函数的综合评分值。当每个指标的权值发生改变时，综合评分值就会改变，这就意味着每个特征参数的综合评分值是动态的，会随着实际的信号环境与应用需求而改变。根据雷达辐射源信号识别实际，分别对实时处理和存储后处理两种情况进行实验，其中权值采用 AHP 法确定。

实验 1：实时处理实验。

此时通过侦察接收机得到的雷达信号样本相对较少，信噪比低，在这种情况下对识别时间和稳定性提出较高的要求，即要求特征参数提取时间短且稳定性高，对于核函数就要求核参数少且稳定性高。根据第 4 章结论，选取复杂度特征作为识别所用的脉内特征参数，而对分类器核函数评估指标的评分要求可设定为 70、80、80，根据表 5.5 可知，线性核函数和多层感知器核函数不符合要求，首先将其剔除。对于其余符合要求的核函数，AHP 法的判断矩阵取值如表 5.8 所示。

表 5.8　实时识别判断矩阵取值

	可分离性	稳定性	复杂性
可分离性	1	3/7	3/7
稳定性	7/3	1	1
复杂性	7/3	1	1

计算表 5.8 可求得其最大实特征根 $\lambda_{max} = 3$，一致性指标 $CI = 0 < 0.1$，符合一致性检验，由此可以得到归一化权值为 $w = [0.1765, 0.4117, 0.4117]$，求得两个核函数的评分值：RBF 核函数为 90.16，多项式核函数为 87.48。因此选择 RBF 核函数。

实验 2：事后处理实验。

在这种情况下，侦察接收机得到的雷达信号样本容量充足，并且可以对信号进行如去噪等预处理，进一步提高信噪比，该情况下对时间的要求不高，所以特征参数和核函数就需要有高的可分离性。根据第 4 章结论，选取双谱特征作为识别特征参数，而对分类器核函数评估指标的评分要求可设定为 85、75、60，由此可以剔除多层感知器核函数。对于其余符合要求的核函数，AHP 法的判断矩阵取值如表 5.9 所示。

表 5.9　事后识别判断矩阵取值

	可分离性	稳定性	复杂性
可分离性	1	3	9
稳定性	1/3	1	1/7
复杂性	1/9	7	1

计算表 5.9 可求得其最大实特征根 $\lambda_{max} = 3.0803$，一致性指标 $CR = 0.0693 < 0.1$，符合一致性检验，由此可以得到归一化权值为 $w = [0.7854, 0.1488, 0.0658]$，求得两个核函数的评分值：RBF 核函数为 96.76，多项式核函数为 89.59，线性核函数为 90.44。在当前的应用需求下，RBF 核函数的综合性能最优。

5.3　基于智能优化算法的 SVM 模型参数寻优方法

确定核函数之后，就由核函数参数及惩罚系数组成了 SVM 模型参数。由 5.2 节实验结果可知，模型参数对 SVM 性能影响较大，对模型参数进行优化选择是提高 SVM 识别准确率的有效途径。目前，对 SVM 模型参数优化最常用的方法有交叉验证法、网格搜索法和梯度搜索法等，其中，交叉验证法和网格搜索法虽然能得到近似最优解，但耗时巨大，而梯度搜索法则易陷入局部最优。随着优化技术的发展，研究人员提出了模拟生物活动的智能优化算法，该类算法凭借其优异的最优解搜索能力、强大的自组织、自适应能力和良好的鲁棒性业已成为参数优化的主要研究方向[12-20]。具有代表性的算法有遗传算法（Genetic Algorithm，GA）、粒子群优化（Particle Swarm Optimization，PSO）算法和蚁群（Ant Colony Optimization，ACO）算法等。为解决 SVM 模型参数寻优的问题，将 GA、ACO 和 PSO 这 3 种典型智能优化算法引入 SVM 模型参数优化中，给出一类基于智能优化算法的 SVM 模型参数寻优方法[21]。

5.3.1　优化问题及智能优化算法

优化方法目前主要有传统优化算法和智能优化算法两大类。其中，传统优化算法的数学基础坚实，但应用面狭窄，智能优化算法适用于大多数优化问题，但缺少统一的理论支撑。

优化问题的实质是求取目标函数最优解，因而可转化为函数的优化问题

$$\min_{x \in \Omega}(\max) f(\boldsymbol{x})$$

$$\boldsymbol{x} = (x_1, x_2, \cdots, x_n), \quad c_{\min} \leqslant x_i \leqslant c_{\max} \tag{5.28}$$

式中，$f(x)$ 为目标函数；Ω 为优化问题的可行域；$c_{\min}$、$c_{\max}$ 为变量的取值范围。

根据不同的分类标准优化问题有许多种分类样式，如根据约束条件可分为有约束条件的优化问题和无约束条件的优化问题，根据是否连续又可分为连续优化问题和不连续优化问题，但归根到底都需要通过优化算法依据目标函数特征进行优化。

无论哪种优化算法，都可以将其描述成如图 5.6 所示的迭代搜索过程。

一般优化算法包括初始化策略（Seed）、下一代搜索策略（Next）、可行解域（Space）、初始解集（Initialization Results，Init）、信息集（Information，Info）以及已知解集（Solution Results，Solu）这五个元素。由图 5.6 可以得到优化算法的一般步骤。

（1）利用初始化策略在可行解域找到初始解集，即

$$\text{Init} = \text{Seed}(\text{Space}) \tag{5.29}$$

（2）根据已有的信息和解集 $(\text{Info}_k, \text{Solu}_k)$，通过下一代搜索策略（Next）得到新的解 $(\text{Info}_{k+1}, \text{Solu}_{k+1})$

$$(\text{Info}_{k+1}, \text{Solu}_{k+1}) = \text{Next}(\text{Info}_k, \text{Solu}_k) \tag{5.30}$$

（3）根据需求判断是否满足结束条件，若满足则输出结果，若不满足则返回步骤（2）继续搜索直至得到理想解。

根据智能优化算法的过程，其核心步骤为第（2）步，即采取何种搜索策略来更新解，这将直接影响优化方法是否按照正确的方向进行搜索。

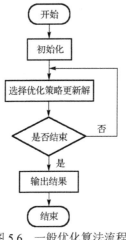

图 5.6　一般优化算法流程

1. 遗传算法

GA 由 Holland 于 20 世纪 60 年代提出，主要通过模拟生物在选择和遗传方面的特点对目标函数进行优化。该算法采用并行处理，能有效避免陷入局部最优解，而且对目标函数的依赖小。

该算法在随机产生初始种群后，对其进行选择、交叉、变异操作得到下一代种群，并通过终止条件判断其是否符合要求，若符合要求，则输出结果，若不符合要求，则返回选择、交叉、变异操作继续产生下一代种群，直至符合终止条件。其流程如图 5.7 所示。

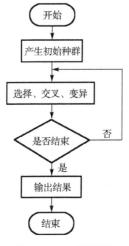

图 5.7　GA 流程图

2. 蚁群算法

ACO 算法由 Dorigo 于 1992 年首次提出，根据蚂蚁在觅食过程中留下的信息所形成的正反馈构建的一种智能优化算法。该算法属于启发式算法，思路简单清晰，目前已广泛应用于排序、着色以及调度等问题。

该算法首先生成节点和路径，并将每个蚂蚁置于各个区域中，按概率 P_k 沿生成的节点和路径进行搜索，计算公式为

$$P_k(x_i, y_{ij}) = \frac{\tau(x_i, y_{ij})^\alpha \eta(x_i, y_{ij})^\beta}{\sum\limits_{i=0, j=0}^{m,n} \tau(x_i, y_{ij})^\alpha \eta(x_i, y_{ij})^\beta} \tag{5.31}$$

式中，i 为搜索路径的数量；j 为节点处蚂蚁的数量；$\tau(x_i, y_{ij})$ 为在节点上的信息素；$\eta(x_i, y_{ij})$ 为节点上的能见度；α 为衡量 $\tau(x_i, y_{ij})$ 的参数；β 为衡量 $\eta(x_i, y_{ij})$ 的参数。

搜索过程中，每过一个时间点，需更新信息素，更新公式为

$$\begin{cases} \tau(x_i, y_{ij})^{t+1} = (1-\rho)\tau(x_i, y_{ij})^t + \Delta\tau(x_i, y_{ij}) \\ \Delta\tau(x_i, y_{ij}) = Q / f(\cdot) \end{cases} \tag{5.32}$$

式中，ρ 为调节 $\tau(x_i, y_{ij})^t$ 的参数；Q 为信息素调节因子；$f(\cdot)$ 为目标函数。

得到更新后的信息素后，通过终止条件判断其是否符合要求，若符合要求，则输出结果，若不符合要求，则返回继续更新，直至符合终止条件。其流程如图 5.8 所示。

图 5.8　ACO 流程图

3. 粒子群算法

PSO 算法由 Kennedy 和 Eberhart 于 1995 年共同提出，通过群体中个体之间的相互协作以及信息共享来寻找目标问题的最优解。该算法中粒子的运行方式与高等智能生物决策方式相似，而且搜索速度快，易于实现。

该算法随机产生粒子初始化位置和速度后，通过对每个粒子比较得到当前最优解，并通过个体极值和全局极值更新自身速度和位置，更新公式为

$$\begin{cases} \boldsymbol{v}_{k+1}^i = w\boldsymbol{v}_k^i + c_1 r_1 (P_{\text{best}k}^i - \boldsymbol{x}_k^i) + c_2 r_2 (G_{\text{best}} - \boldsymbol{x}_k^i) \\ \boldsymbol{x}_{k+1}^i = \boldsymbol{x}_k^i + \boldsymbol{v}_{k+1}^i \end{cases} \tag{5.33}$$

式中，$P_{\text{best}k}^i$ 为个体极值；G_{best} 为全局极值；w 为惯性权重；$\boldsymbol{v}_k^i$ 为粒子的速度矢量；c_1、c_2 为非负数学习因子；r_1、r_2 为分布于[0,1]的随机数。

得到更新后的位置和速度后，通过终止条件判断其是否符合要求，若符合要求，则输出结果，若不符合要求，则返回继续更新，直至符合终止条件。其流程如图 5.9 所示。

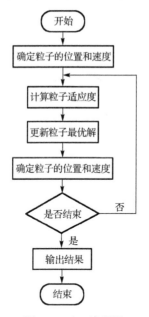

图 5.9　PSO 流程图

5.3.2　基于智能优化算法的 SVM 模型参数优化方法

为使上面分析的 3 种典型智能优化算法能更好地应用于雷达辐射源信号识别中，给出基于智能优化算法的 SVM 模型参数优化方法，并将优化后的模型参数应用于雷达辐射源信号识别。该方法的核心是利用智能优化算法对 SVM 的模型参数进行优化，以达到提高 SVM 识别准确率的效果。

　　得到要分类的特征参数后，首先根据选择的智能优化算法的初始化策略进行初始化，并利用 K-CV 计算适应度值。然后利用计算得到的适应度值及智能优化算法的更新策略进行更新，得到新的信息。通过与终止条件的检验，判断新的模型参数是否符合条件，若符合，则输出模型参数用于对雷达辐射源信号进行识别，若不符合，则重新对其进行更新，直至符合终止条件。新算法的流程如图 5.10 所示。

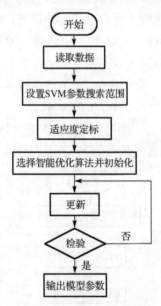

图 5.10　基于智能优化算法的 SVM 模型参数优化方法流程图

算法的具体步骤如下。

（1）确定特征参数。选择并提取合适的脉内特征参数，将特征参数按照信号类型分为 N 个样本子集：$D_1, D_2, \cdots, D_N$。

（2）初始化。载入特征参数样本数据，随机产生一组 SVM 参数 $\{C, g\}$ 作为初始值。

（3）计算适应度值。根据当前的 $\{C, g\}$ 训练 SVM 分类器，计算 K-CV 误差。

（4）更新。将 K-CV 误差作为优化算法适应度值，计算得到个体最优解和全局最优解，并更新每种优化算法的信息。对信息进行更新是优化算法的核心部分，本书选择 GA、PSO 和 ACO 这 3 种典型智能优化算法作为 SVM 分类器参数优化问题的优化方法。

（5）检验。当终止条件满足时停止计算，否则返回步骤（5）。

（6）输出。输出模型参数并得到训练后的 SVM 分类器。

（7）识别。利用训练后的 SVM 分类器进行识别。

5.3.3　实验与分析

　　选择 SNR 为 0dB 和 8dB 时的复杂度特征参数作为识别所用特征参数，采用基于网格搜索(Grid Search，GS)算法寻优的 SVM 分类器进行识别，其中，GS 算法的搜索范围 $[2^{-10}, 2^{10}]$，间隔步长 $2^{0.1}$，识别结果如表 5.10 所示。

表 5.10　利用 GS 寻优的识别准确率　　　　　　　　　(单位：%)

SNR　　　　　　　　　特征参数	复杂度	
	训练	测试
0dB	96	92.5
8dB	99.5	99.25

GS 算法可以对多个参数同时进行搜索，通过合适的参数初始化设置，理论上可以得到最优解，但该算法运算开销巨大，不适合用于雷达辐射源信号识别，为此本书将该方法得到识别准确率作为最佳识别准确率，并以此为识别准确率标准对 3 种典型智能优化算法的性能进行分析。

实验 1：不同种群个数下优化算法的性能分析。

为分析 3 种智能优化算法在雷达辐射源信号识别中应用的性能，利用 SNR 为 0dB 时的复杂度特征参数，在种群个数分别是 5、10、20 时进行识别，其中进化代数都是 100，惩罚系数 C 和核函数参数 g 的取值范围都为 [0.1, 1000]，其中，GA 算法的代沟为 0.9，ACO 的挥发因子为 0.9，步长为 0.1，PSO 的惯性权重为 0.9，弹性因子为 1。表 5.11 为利用 3 种典型算法优化后的模型参数对测试样本的识别准确率，图 5.11 为利用复杂度特征进行识别时 3 种典型算法在不同种群个数下训练样本的优化过程。

表 5.11　不同种群个数下的测试样本识别准确率　　　　　　(单位：%)

算法 种群数	GA	ACO	PSO
5	91	90.75	91.5
10	91.5	91	92
20	91.5	91.5	92

由表 5.11 的测试样本识别准确率可知，利用 3 种算法优化得到的模型参数对测试样本进行识别得到的准确率较为接近，但总体而言，PSO 算法对模型参数进行优化后得到的识别准确率要略优于其余两种算法。

由图 5.11 可知，不论利用何种算法，种群数越多，优化结果越好，得到的识别准确率越高，但不同的算法之间存在较大差异。当种群个数为 5 时，PSO 算法能较稳定地收敛于 95.25%；而 ACO 算法在 94% 时就收敛；GA 虽然能得到最好的识别准确率，但就其优化过程来看并不能认为其完全收敛。当种群个数为 10 时，PSO 算法依然能稳定地收敛于 95.25%；ACO 算法也达到了 95%；GA 的准确率依然最高而且呈能稳定收敛的趋势。当种群个数为 20 时，PSO 算法的准确率只比 GA 低 0.25%，GA 和 ACO 算法的准确率比 GS 算法低 0.5%，但 GA 的迭代收敛的步数要略多于 ACO 算法。

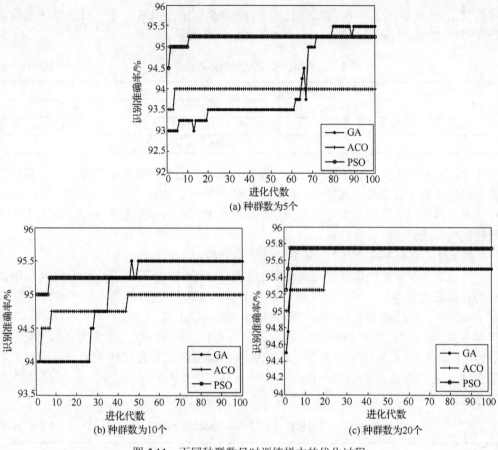

图 5.11　不同种群数目时训练样本的优化过程

实验 2：不同 SNR 条件下优化算法的性能分析。

为进一步分析优化算法在雷达辐射源信号识别应用中的性能，下面在 SNR 为 0dB 和 8dB，种群个数为 20 时进行仿真实验。图 5.12 为 3 种典型算法在不同 SNR 条件下训练样本的优化过程；表 5.12 为优化后的模型参数对测试样本的识别准确率。

由图 5.12 可知，无论在哪种 SNR 条件下，PSO 算法均能得到较优的识别准确率，并且收敛速度快，而 GA 和 ACO 算法得到的识别准确率要低于 PSO 算法 0.25%～0.75%，两者得到的最优结果大体相当，但 ACO 算法的收敛速度更快。

由表 5.12 的测试样本识别准确率可知，优化得到的模型参数对测试样本进行识别得到的准确率较为接近，但总体而言，GA 和 PSO 算法的优化结果要优于 ACO 算法。

实验 3：运算时间分析。

为比较基于优化算法的识别方法的运算时间，进行如下仿真实验：在信噪比为 0dB，种群个数为 20 时，特征参数选择复杂度特征，利用 3 种典型智能优化算法进行 50 次仿真实验，取其平均值，得到每种算法的平均运算时间如表 5.13 所示。

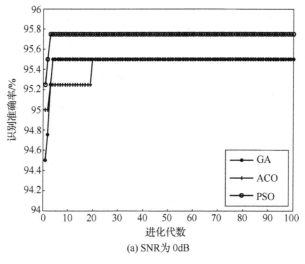

(a) SNR为0dB

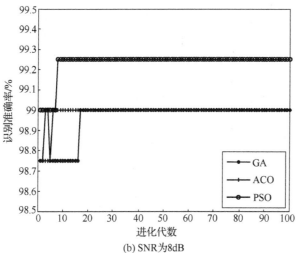

(b) SNR为8dB

图 5.12 不同 SNR 条件下训练样本的优化过程

表 5.12   不同 SNR 下的测试样本识别准确率   (单位：%)

SNR	GA	ACO	PSO
0dB	91.5	91.5	92
8dB	99	98.75	99

表 5.13   运算时间   (单位：s)

算法	GA	ACO	PSO
时间	0.0847	0.1650	0.0994

从表 5.13 的结果可以得知，GA 的运算时间最少，PSO 算法的运算时间只略多于 GA，而 ACO 算法的运算时间远高于其余两种方法。

通过以上 3 个实验，可以得到以下结论。

(1) 从种群数对智能优化算法的影响来看，种群个数不同时，PSO 算法总能较快较稳定地收敛到最优值，GA 虽然能达到或接近 PSO 算法的优化水平，但收敛速度慢，有时甚至不收敛，而 ACO 算法容易陷入局部最优解，优化结果较差。

(2) 从 SNR 对智能优化算法影响来看，PSO 算法和 GA 受 SNR 影响较低，在不同 SNR 条件下都能得到较优的优化结果，只是由于算法本身的原因，PSO 算法要优于 GA，ACO 算法对样本要求较高。

(3) 从运算时间来看，GA 用时最少，而 ACO 算法要远高于 PSO 算法和 GA。

5.4　基于多指标的 SVM 算法性能评估

通过 5.3 节的实验可以发现，并不是所有的智能优化算法都能找到最优解，有必要对基于智能优化算法的雷达辐射源信号识别方法进行合理的评估。

对基于优化后 SVM 识别方法进行评估的核心是对优化算法的性能进行评估，目前许多文献都证明了优化算法的收敛性，但在实际使用时，并没有统一的评估方法。文献[22]给出了一种基于多指标的 SVM 算法性能评估的方法。

5.4.1　评估指标及其计算方法

为研究优化算法的性能指标，首先分析传统优化算法的性能指标。传统优化算法的性能指标有收敛性和收敛速度。

收敛性指算法在其产生的点 $\{x_n\}$ 中，存在 $\hat{x}$，使得

$$\lim_{n \to \infty} \|x_n - \hat{x}\| = 0 \tag{5.34}$$

则称算法按范数收敛于 $\hat{x}$。

而收敛速度指算法收敛于 $\hat{x}$ 时，若存在实数 α 及常数 q，使得

$$\lim_{n \to \infty} \frac{\|x_{n+1} - \hat{x}\|}{\|x_n - \hat{x}\|^{\alpha}} = q \tag{5.35}$$

则称算法具有 $q - \alpha$ 阶收敛速度。

收敛性和收敛速度只具有理论上的意义，并不能用来评估算法的实际应用性能，而且以上两个指标对于传统优化算法是有意义的，但其并不适合智能优化算法，因为智能优化算法是按一定的搜索策略对最优解进行搜索的，具有一定的随机性，搜索到最优解并不能保证收敛，不能满足收敛性的定义，收敛速度也无从谈起。为此，有学

者提出了概率收敛、值收敛等指标来评估智能优化算法，但这些指标也是理论意义上的，很难指导实际使用，即使可以应用于实际也很难计算。因此，需要研究新的评估指标来对智能优化算法进行评估。

对于任何一种算法，稳定性总是非常必要的，通过一个算法求得的解中存在有效的解和无效的解，可以剔除无效的解来计算稳定性，而标准差是计算稳定性的最常用形式，可以用有效解的标准差来评价智能优化算法的稳定性；目前，已有许多文献从理论上证明了智能优化算法是收敛的，但如果要在实际中证明其收敛性，则必须进行无穷次的搜索，这对任何系统来说都无法办到，智能优化算法总不能达到理论最优值，因此，在一定时间内所能得到的最优解是评价一个智能优化算法性能好坏的重要指标，称为解的质量；在求解解的质量的同时，消耗的时间也是极其重要的指标。但只考虑时间并不能说明智能优化算法的好坏，在一定时间内能搜索到的解的质量才是最重要的，精度时间比也是评价智能优化算法性能好坏的重要指标。

综上所述，可以得到评估指标为：有效解的标准差、解的质量以及精度时间比。

定义 5.4　有效解的标准差

在 k 次蒙特卡罗实验下，得到 s 个有效解，第 i 次实验得到有效解 n_i，则有效解的标准差可以表示为

$$\text{Dev} = \sqrt{\frac{1}{s}\sum_{i=1}^{s}(n_i - \bar{n})^2} \tag{5.36}$$

定义 5.5　解的质量

解的质量指利用通过优化算法搜索得到的模型参数进行识别得到的最优解与理论最优解的靠近程度，即

$$P = \frac{|m| - |m - n|}{|m|} \tag{5.37}$$

式中，m 为理论最优解；n 为通过优化得到的最优解。

由此可以得到解的平均质量为

$$\bar{P} = \frac{1}{l}\sum_{i=1}^{l} P_i \tag{5.38}$$

式中，P_i 为算法第 i 次实验解的质量；l 为蒙特卡罗实验次数。

定义 5.6　精度时间比

精度时间比指一个算法的解的精度与时间的比值，即

$$\mu = \frac{\bar{P}}{t} \tag{5.39}$$

式中，$\bar{P}$ 为解的平均质量；t 为消耗时间。

5.4.2　实验与分析

为验证所提评估指标的有效性，进行如下仿真实验。在 SNR 为 0dB 和 8dB 时，利用复杂度特征进行 50 次实验（由于运算量巨大，GS 算法只进行一次运算），实验所用的其余参数与 5.3.3 节中所用实验参数相同，种群数为 20。应用不同优化算法的识别方法得到的平均识别准确率、最优识别准确率及平均运算时间如表 5.14 所示。

表 5.14　各方法识别准确率及时间　　　　　　（单位：%）

算法＼SNR	0dB		8dB		时间/s
	平均	最优	平均	最优	
GS	—	92.5	—	99.25	2134.93
ACO	91.25	92	97.75	98.75	0.165
GA	91.885	92.25	98.765	99	0.0847
PSO	91.99	92.25	98.545	99	0.0994

由表 5.14 可知，在不同 SNR 条件下，应用 GS 优化算法的识别方法拥有最高的识别准确率，但该算法运算量较大，是其他 3 种方法的几至几十万倍，不适合用于雷达辐射源信号识别。对于其余几种算法，在 0dB 时，都能获得满意的识别准确率，但应用 PSO 算法的识别方法和应用 GA 的识别方法所得到的最优识别准确率最高，应用 PSO 算法的平均识别准确率又要高于应用 GA；在 8dB 时，各个算法的识别准确率进一步提高，应用 PSO 算法的识别方法和应用 GA 的识别方法都能得到较高的识别准确率，但与 0dB 时不同的是，应用 GA 的识别方法的平均识别准确率要好于应用 PSO 算法的识别方法。

下面进行稳定性、解的质量以及精度时间比的分析。

3 种算法在不同信噪比条件下分别进行 50 次实验后得到的识别准确率如图 5.13 和图 5.14 所示。每种算法各个评估指标值如表 5.15 和表 5.16 所示。

由图 5.13、图 5.14、表 5.15 和表 5.16 可以得到，应用 ACO 算法的识别方法的稳定性差于其余两种算法，虽然其最高识别准确率和其余两种算法接近或相同，但有接近半数的准确率低于其余两种算法最低识别准确率 3%甚至更多。而对于另两种算法，在 0dB 时，应用 PSO 算法的识别方法的稳定性要优于应用 GA 的识别方法，但在 8dB 时，应用 GA 的识别方法的稳定性优于应用 PSO 算法的识别方法。在解的质量方面，3 种算法中应用 ACO 算法的识别方法解的质量最差，在 0dB 时，应用 PSO 算法的识别方法的解的质量要优于应用 GA 的识别方法。但在 8dB 时，应用 GA 的识别方法的解的质量优于应用 PSO 算法的识别方法，但相差很小。对于应用 ACO 算法的识别方法，由于其有最差的解的质量和最长的运行时间，其解的精度时间比最差，而应用 GA 的识别方法在 3 种信噪比条件下的精度时间比都是最好的，这说明应用 GA 的识别方法的性能在 3 种算法中最优。

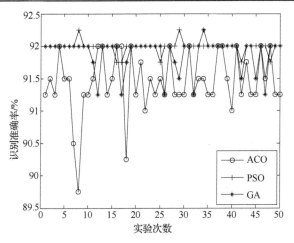

图 5.13　0dB 时识别准确率

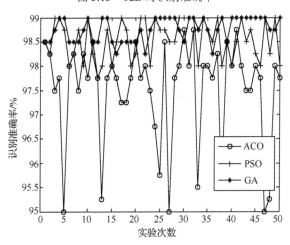

图 5.14　8dB 时识别准确率

表 5.15　0dB 时不同算法评估指标值

算法　　　　　指标	标准差	解的质量	精度时间比
ACO	0.4637	0.9865	5.9788
GA	0.2536	0.9934	11.7285
PSO	0.0933	0.9944	10.0040

表 5.16　8dB 时不同算法评估指标值

算法　　　　　指标	标准差	解的质量	精度时间比
ACO	1.0689	0.9848	5.9685
GA	0.2495	0.9951	11.7485
PSO	0.4062	0.9928	10.5031

5.5　本章小结

　　随着人工智能及模式识别技术的发展，SVM 已经成为雷达辐射源信号识别领域重点研究的分类器，但目前并没有对其所使用的核函数、模型参数进行具体的研究。为此，本章从如何更好地发挥基于 SVM 的雷达辐射源信号识别方法效能出发，研究了基于多指标的核函数评估方法、基于智能优化算法的 SVM 模型参数寻优方法以及基于多指标的 SVM 算法性能评估。

参 考 文 献

[1]　边肇祺, 张学工. 模式识别. 北京: 清华大学出版社, 2000.

[2]　汪廷华, 陈峻婷. 核函数的度量研究进展. 计算机应用研究, 2011, 28(1): 25-28.

[3]　Wang T H, Tian S F, Huang H K, et al. Learning by local kernel polarization. Neurocomputing, 2009, 72(13-15): 3077-3084.

[4]　Chapelle O, Vapnik V, Bousquet O, et al. Choosing multiple parameters for support vector machines. Machine Learning, 2002, 46(1): 131-159.

[5]　Joachims T. Estimating the Generalization Performance of a SVM Efficiently. Dortmund: University Dortmund, 2000.

[6]　宋小衫, 蒋晓瑜, 汪熙, 等. 基于改进Joachims上界的SVM泛化性能评价方法. 电子学报, 2011, 39(6): 1379-1383.

[7]　Cristianini N, Shawe-Taylor J, Elisseeff A, et al. On kernel-target alignment. Proc of Advances in Neural Information Processing Systems, 2001.

[8]　Baram Y. Learning by kernel polarization. Neural Computation, 2005, 17(6): 1264-1275.

[9]　Xu J, He M H, Han J, et al. A comprehensive estimation method for kernel function of radar signal classifier. Chinese Journal of Electronics, 2015, 24(1): 218-222.

[10]　刘向东, 骆斌, 陈兆乾. 支持向量机最优模型选择的研究. 计算机研究与发展, 2005, 42(4): 576-581.

[11]　Wu K P, Wang S D. Choosing the kernel parameters for support vector machines by inter-cluster distance in the feature space. Patten Recognition, 2009, 42(5): 710-717.

[12]　Vapnik V. Statistical Learning Theory. New York: Wiley, 1998.

[13]　张培林, 钱林方, 曹建军, 等. 基于蚁群算法的支持向量机参数优化. 南京理工大学学报(自然科学版), 2009, 33(4): 464-468.

[14]　Kennedy J, Eberhart R C. Particle Swarm Optimization. Piscataway: IEEE Service Center, 1995.

[15]　Holland J H. Adaptation in Natural and Artificial Systems. Ann Arbor: University Of Michigan Press, 1975.

[16] Yang J G, Yang J Q. Intelligence in optimization algorithms: a survey. International Journal of Advancements in Computing Technology, 2011, 3 (4) : 144-152.

[17] Shao X G. Parameters selection and application of support vector machines based on particle swarm optimization algorithm. Control Theory & Applications, 2006, 23 (5) : 740-743.

[18] Huang C L, Wang C J. A Ga-based feature selection and parameters optimization for support vector machines. Expert Systems with Applications, 2006, 31: 231-240.

[19] Dorigo M. Optimization, Learning and Natural Algorithms. Milan: Politecnico Di Milano, 1992.

[20] 杨劲秋. 智能优化算法评价模型研究. 杭州: 浙江大学, 2011.

[21] 徐璟, 何明浩, 冒燕, 等. 基于优化算法的雷达辐射源识别方法及性能分析. 现代雷达, 2014, 36 (10) : 33-37.

[22] 徐璟, 何明浩, 韩俊, 等. 基于优化算法的雷达辐射源识别方法性能评估研究. 现代防御技术, 2015, 43 (3) : 102-106.

第 6 章　雷达辐射源识别系统效果评估

雷达辐射源信号分选识别的两大关键要素就是特征参数和分类器，前面对特征参数的提取评估、分类器的评估与选择技术进行了介绍，但由这两大技术构成的识别系统的效能如何不得而知，因此，对识别系统效能的评估成为雷达辐射源信号识别系统评估中关键的一环。目前，在电子战领域并没有完整的雷达辐射源信号识别系统效能评估理论体系，这一现象的原因主要有以下两点：①应用于雷达辐射源信号识别的特征参数、分类器种类繁多，性能各异；②雷达辐射源信号识别系统应用环境不同，受到的干扰、噪声也有很大的差异，很难在同一环境下对识别系统的效能进行评估。要对识别系统效能进行有效的评估就要在定量表示识别系统所处环境的基础上，构建合理有效的评估指标体系进行实验和测试，本章重点围绕此问题展开研究。

6.1　识别率测试结果

6.1.1　识别率的含义及性质

以往比较雷达辐射源信号识别效果的好坏，一般是求识别率，即在识别测试中，正确地识别脉冲数除以总的脉冲数就是该条件下对该信号的识别率，也可理解为该方法在这一条件下对目标信号的识别能力。这一理解有一个前提，就是正确识别雷达信号时为"1"，错误或不能识别时为"0"。如果某识别方法的识别率真值为 p，则第 i 次识别正确的概率为 p。第 i 次识别正确服从 0-1 分布，将信号识别进行 n 重贝努利(Bernoulli)实验，则识别正确的次数服从 $B(n, p)$ 分布，其中 n 为实验次数，p 为识别率真值。

从一般意义来讲，求解的识别率都是有限次的实验结果，只能无限接近真值而不能达到真值。如果进行不同的实验，则可以发现识别率是波动的变量，变动的范围、方式以及发生较大变化的次数都反映识别方法的性能。

传统的求解识别率来验证识别方法能力的做法存在一些弊端，主要体现在以下几个方面。

(1)求得识别系统的识别率真值所需的原始测试数量。对于求解不同的识别系统以及在不同的外界条件下，所需的测试数量如何确定，传统的求解识别率的方法是无法解决的。

(2)所得识别率的置信区间。显然传统的求解识别率的结果是一次对识别方法的测试结果，怎样确定它的置信度和置信区间，也是无法给出的。

(3)识别结果的意义。传统的求解方法只是对识别方法的一次或少数有限次的测试结果，而将其等效为识别方法的能力是不科学的。

（4）识别结果的稳定性问题。显然信噪比等外界因素干扰可引起识别率的变化，如何科学地评价识别方法的稳定性问题，传统的方法也无能为力。

为解决以上问题，引入识别率测试结果（Measurement of Recognition Rate，MRR）的概念[1]，将 n 次的测试结果平均分成 m 分组，分别对每组的 n/m 个测试结果求均值，则可得到 m 个 MRR 样本。对于雷达辐射源信号识别，假定有 l 个雷达辐射源，则最终会生成 $l \times m$ 个 MRR 样本，由于算法和求解的一致性，只需针对单个雷达辐射源的 MRR 样本进行研究，即 m 个 MRR 样本。由于 MRR 是一个变量，有分布、均值和方差，以及与外界条件的独立性，利用其性质可以严格准确地评估雷达辐射源信号的识别结果。

6.1.2　MRR 呈正态分布的证明

在对识别结果的识别效果评估中，满足样本容量的前提下，MRR 样本是服从正态分布的，下面分别从理论和实验仿真来证明这一结论。

1. 理论证明

对于每一个 MRR 样本，其中包含 n/m 个识别结果，当识别结果正确时记为"1"，当识别结果错误或不能识别时记为"0"，那么 n/m 个识别结果就服从 0-1 分布。下面基于独立同分布的中心极限定理证明 MRR 呈正态分布。

令 $M = n/m$，则 M 次测试结果可以看成 M 个随机变量 $x_i(i=1,2,\cdots,M)$。显然，$x_i(i=1,2,\cdots,M)$ 相互独立，且服从同一分布。对于 M 次测试，构成一个二项分布。令 $\xi_M = \sum_{i=1}^{n} X_i$，根据独立同分布的中心极限定理，有

$$\lim_{M \to \infty} \left\{ \frac{\xi_M - MP}{\sqrt{Mp(1-p)}} \leqslant x \right\} = \lim_{M \to \infty} \left\{ \frac{\frac{1}{M}\sum_{i=1}^{M} x_i - p}{\sqrt{p(1-p)/M}} \right\} = \int_{-\infty}^{x} \frac{1}{\sqrt{2\pi}} \exp(-t^2/2) \mathrm{d}t \quad (6.1)$$

式 (6.1) 表明 ξ_M 及 ξ_M/M 的极限分布是正态分布，即当测试次数较多时，MRR 呈正态分布。文献[2]认为使用独立同分布的中心极限定理时，M 大于 50 即可满足大样本的容量，在近似计算时，M 大于 20 即可按照大样本来对待。

2. 仿真实验

下面从实验检测的角度来验证 MRR 的分布特性，对某识别方法在同等条件下进行一系列的实验，仿真中每个 MRR 都是 50 次识别结果的均值。图中经过以下的处理：取一个恒正的小量 ε，对所得到 MRR 样本，记录落入 p_i 的 ε 邻域中的次数。实验中的 ε 取 0.005。经此处理，可以得到 MRR 在每个区间中的频数，它可以反映出 MRR 在相应小区间的概率密度。

图 6.1～图 6.3 分别是进行了 30 组测试、50 组测试和 80 组测试的结果。图中(a)是识别率测试结果(MRR)的显示图，(b)是识别率测试结果(MRR)在各区间的频数统计图。由正态分布的概率密度分布图的先验知识，可以看出 MRR 近似呈正态分布。

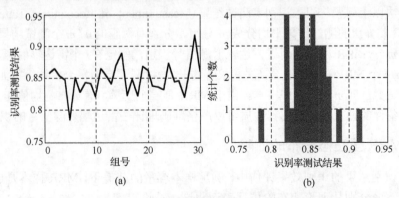

图 6.1　30 组测试中的 MRR 分布

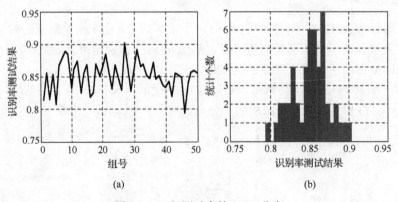

图 6.2　50 组测试中的 MRR 分布

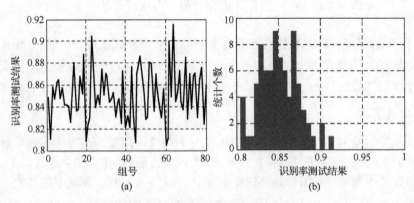

图 6.3　80 组测试中的 MRR 分布

6.1.3　MRR 样本的生成

为得到一个 MRR 样本，需要确定原始测试次数 M，即样本容量。再由需要产生 MRR 的数量，可以生成所有的 MRR 样本。

1. 样本容量的确定

利用检验的方法来求解样本容量[3,4]。通过识别结果的均值可以得到 MRR，令 p_0 为系统识别率的真值，考察一种较为严格的检验，即

$$H_0 : p = p_0; \quad H_1 : p \neq p_0 \tag{6.2}$$

取检验统计量为 $\sqrt{M}\dfrac{\overline{X} - p_0}{\sigma}$；$\sigma^2$ 是求解系统识别结果均值的方差；$\overline{X}$ 是样本均值。其理论值为

$$\sigma^2 = p_0(1 - p_0) / M \tag{6.3}$$

此时拒绝域为

$$W_1 = \left\{ (x_1, x_2, \cdots, x_M) : \left| \sqrt{M}\frac{\overline{x} - p_0}{\sigma} \right| > u_{1-\alpha/2} \right\} \tag{6.4}$$

式中，$\overline{x} = \dfrac{1}{M}\displaystyle\sum_{i=1}^{M} x_i$ 是样本均值的观测值；x_i 是每次测试的结果；α 是给定的显著性水平。该检验的功效函数为

$$\beta(\overline{x}) = p\left\{ \sqrt{M}\frac{\overline{x} - p_0}{\sigma} < -u_{1-\alpha/2} \text{或} \sqrt{M}\frac{\overline{x} - p_0}{\sigma} > u_{1-\alpha/2} \right\}$$

$$= 1 - p\left\{ -u_{1-\alpha/2} < \sqrt{M}\frac{\overline{x} - p_0}{\sigma} < u_{1-\alpha/2} \right\} \tag{6.5}$$

它的第 II 类风险为

$$1 - \beta(\overline{x}) = \Phi\left[u_{1-\alpha/2} - \sqrt{M}\frac{\overline{x} - p_0}{\sigma} \right] - \Phi\left[-u_{1-\alpha/2} - \sqrt{M}\frac{\overline{x} - p_0}{\sigma} \right] \tag{6.6}$$

式中，$\Phi(\cdot)$ 是标准正态分布函数。设定显著性水平 $\alpha = 0.1$。要求当 $(p - p_0)$ 不小于 0.016 时，第 II 类风险小于 0.1，则最小的样本容量 M 满足

$$\Phi\left[u_{0.95} - \frac{0.016M}{\sqrt{p_0(1 - p_0)}} \right] + \Phi\left[u_{0.95} + \frac{0.016M}{\sqrt{p_0(1 - p_0)}} \right] < 1.1 \tag{6.7}$$

通过求解方程(6.7)可以求得样本容量 M。从计算结果看，M 均不大于 95，在这里选择 $M = 100$。

2. 生成 MRR 样本

为生成 MRR 样本，还要确定 MRR 的数量 m。由检验要求的不同，可确定 m 的最小取值。按照以下方法生成 MRR

$$\begin{cases} MRR_1 = \dfrac{1}{100}\sum_{k=1}^{100} x_k \\[2mm] MRR_2 = \dfrac{1}{100}\sum_{k=101}^{200} x_k \\[2mm] \vdots \\[2mm] MRR_m = \dfrac{1}{100}\sum_{k=100(m-1)+1}^{100m} x_k \end{cases} \tag{6.8}$$

式中，x_k 是每次测试的结果，$k = 1, 2, \cdots, 100m$。

6.2 评估指标的构建

6.2.1 评估指标构建原则

评估指标是进行识别效果评估的基础，选取评估指标应该遵照以下原则[5]。

1. 目的性原则

指标体系要紧紧围绕被评估对象来设计，并由代表被评估对象各组成部分的典型指标构成，多方位、多角度地反映被评估对象的水平。

2. 科学性原则

指标体系结构的拟定，指标的取舍，公式的推导等都要有科学的依据。只有坚持科学性的原则，获取的信息才具有可靠性和客观性，评价的结果才具有可信性。

3. 系统性原则

指标体系要包括涉及的众多方面，使其成为一个系统。

(1) 相关性是指要运用系统论的相关性原理不断分析，而后组合设计指标体系。

(2) 层次性是指标体系要形成阶层性的功能群，层次之间要相互适应并具有一致性，要具有与其相适应的导向作用，即每项上层指标都要有相应的下层指标与其相适应。

(3) 整体性是指不仅要注意指标体系整体的内在联系，而且要注意整体的功能和目标。

(4) 综合性是指标体系的设计要全面反映被评估对象的特征，尽可能覆盖评价的内容。

4. 可操作性原则

指标要求概念明确、定义清楚，能方便地采集数据与收集情况，而且指标的内容不应太繁、过细，过于庞杂和冗长，否则会给评估工作带来不必要的麻烦。

5. 突出性原则

指标的选择要全面，但应该区别主次、轻重，要突出带有全局性而又极为关键的问题，以使评估结论能对系统的运行和改进提供决策依据。

6. 可比性原则

指标体系中同一层次的指标，应该满足可比性的原则，即具有相同的计量范围和计量方法，指标取值宜采用相对值，尽可能不采用绝对值。这样使得指标既能反映实际情况，又便于比较优劣。

7. 定性与定量相结合的原则

指标体系的设计应当满足定性与定量相结合的原则，即在定性分析的基础上，还要进行量化处理。只有通过量化，才能较为准确地揭示事物的本来面目。对于缺乏统计数据的定性指标，可采用评分法，利用专家意见近似实现其量化。

但是在实际的效果评估过程中，由于各种复杂因素的影响，很难完全满足以上所有的选取评估指标的准则，对于单个的评估指标要求，尽量满足可测性强且敏感性好的要求。

事物本身都具有多样性和复杂性，对于雷达辐射源信号识别效果来说同样如此。如何全面客观地评估它的综合性能，需要从它多方面表现的特性出发，建立相对完善的评估指标体系，用描述各方面特性的物理量来综合衡量信号的识别效果。下面分别从识别的正确性、稳定性、独立性和识别的代价来分析可用于评估雷达辐射源信号识别效果的指标。

6.2.2　评估指标的选取

1. 雷达信号识别正确性的指标

(1)对于某个雷达信号识别方法的识别率测试结果，它直接反映了特定的条件下该方法对特定雷达信号的识别能力，用 MRR 来表示。

(2)对于某个雷达信号识别方法的识别率测试结果的均值，从统计学上讲，它在更长的时间内更精确地反映了识别方法的识别能力，记为 MRR 均值。

2. 雷达信号识别稳定性的指标

(1)从理论上分析 MRR 样本应该服从正态分布，MRR 是否呈正态分布可以反映出识别过程表现的稳定性，可以称为分布指标，用符号 I_{dis} 来表示。

(2)方差在统计学上用于刻画随机变量的取值对于其期望值(均值)的离散程度,MRR 的方差可用于反映识别率的动态变化程度,用符号 I_{var}。

3. 雷达信号识别独立性的指标

独立性检验是统计学中的一种检验方式,与适合性检验同属于 χ^2 检验。它是根据次数资料来判断两类因子彼此相关或相互独立的假设检验。在外界影响因素的变化范围内,通过独立性检验,可以衡量识别效果的性能与该因素的独立性。

在外界因素的一定变化范围内,识别方法的 MRR 样本与该因素的独立性可以利用独立性检验来衡量,它可以反映出识别方法在外界因素的变化中 MRR 样本的变化特性,称为 MRR 独立性指标,用符号 I_{ind} 表示。

4. 雷达信号识别代价的指标

识别代价包括系统的复杂度、算法的运行时间、程序的存储代价以及设备的体积等。系统的复杂度、设备体积是评估系统使用和生产考虑的内容,本书不再讨论。本书提到的识别代价指识别时间和存储代价。特别值得一提的是识别时间,由于雷达信号识别方法有的适合在实时处理时使用,有的适合在事后处理时使用,还有的适合在低信噪比时使用。由于当前战场的应用需求多元化、动态化,例如,在事后进行识别时,准确率则是首要需求;在实时进行雷达辐射源信号的识别时,处理速度则是首要需求,识别时间是考察的重要指标。

6.2.3　评估指标的层次结构

对雷达信号识别效果评估而言,前面的四个方面内容可以较好地描述雷达信号的识别性能,其中稳定性方面的指标和独立性方面的指标都是从不同角度来反映识别效果的稳定性,通过上述分析梳理,得出了可用于评估建模的指标。

根据识别效果评估问题的性质与总体目标,并按照各个因素之间的相互关联影响以及隶属关系建立评估指标的多层次结构模型,如图 6.4 所示[6]。

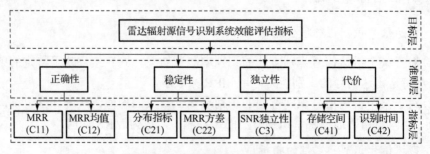

图 6.4　识别效果评估指标体系

整个雷达辐射源信号识别效果评估指标体系包含目标层、准则层和指标层,其中目标层是整个指标体系衡量的最终目标；准则层是指标体系的中间层，包含四个评价准则：识别正确性、识别稳定性、识别独立性和识别代价；指标层是指标体系的末端，包括 7 个直接衡量识别效果的指标，分别是 MRR、MRR 均值、分布指标、MRR 方差、独立性指标、存储空间和识别时间。

6.3　评估指标的计算

6.3.1　MRR 均值的计算

1. MRR 均值的求取

MRR 的均值和方差分别用 μ 和 σ^2 表示。假设 $X_1, X_2, \cdots, X_M$ 为来自总体 X 的一个样本，$x_1, x_2, \cdots, x_M$ 是这个样本的观测值，则均值 μ 的极大似然估计为 $\overline{X}$，即

$$\overline{X} = \frac{1}{M} \sum_{i=1}^{M} X_i \tag{6.9}$$

实际计算采用的是样本观测值的均值 $\overline{x}$，即

$$\overline{x} = \frac{1}{M} \sum_{i=1}^{M} x_i \tag{6.10}$$

此时样本的方差 σ_0^2 可求，利用 $\sqrt{M}\, \dfrac{\overline{X} - \mu}{\sigma_0}$ 来得到 μ 的区间估计，可求 μ 的双侧 $1 - \alpha$ 置信区间为

$$\left[\overline{X} - u_{1-\alpha/2} \frac{\sigma_0}{\sqrt{M}}, \overline{X} + u_{1+\alpha/2} \frac{\sigma_0}{\sqrt{M}} \right] \tag{6.11}$$

式中，$u_{1-\alpha/2}$ 为标准正态分布的 $1 - \alpha/2$ 分位数。

2. 均值的检验

利用一种严格的假设

$$H_0 : \mu \leqslant \mu_0; \quad H_1 : \mu > \mu_0 \tag{6.12}$$

式中，μ_0 为前面求得的均值。检验统计量为 $\sqrt{M}\, \dfrac{\overline{X} - \mu_0}{\sigma_0}$；假设显著性水平是 α；可得检验的拒绝域为

$$W = \left\{ (x_1, x_2, \cdots, x_M) : \sqrt{M}\, \frac{\overline{x} - \mu_0}{\sigma_0} > z_{1-\alpha} \right\} \tag{6.13}$$

6.3.2 MRR 方差的计算

1. MRR 方差的求取

同样假设 $X_1, X_2, \cdots, X_M$ 为来自总体 X 的一个样本; $x_1, x_2, \cdots, x_M$ 是这个样本的观测值,则样本方差为

$$S^2 = \frac{1}{M} \sum_{i=1}^{M} \left(X_i - \overline{X} \right)^2 \tag{6.14}$$

式中, $\overline{X}$ 为样本均值,样本方差的观测值为

$$s^2 = \frac{1}{M} \sum_{i=1}^{M} \left(x_i - \overline{x} \right)^2 \tag{6.15}$$

式中, $\overline{x}$ 为样本观测值的均值。MRR 方差 σ^2 的极大似然估计为 S^2 ,实际计算中采用观测值方差 s^2 。

2. 方差的检验

利用一种严格的假设

$$H_0 : \sigma^2 \geqslant \sigma_0^2; \quad H_1 : \sigma^2 < \sigma_0^2 \tag{6.16}$$

取检验统计量为

$$\frac{mS^2}{\sigma_0^2} = \frac{1}{\sigma_0^2} \sum_{i=1}^{m} \left(X_i - \overline{X} \right)^2 \sim \chi^2 (m-1) \tag{6.17}$$

假设显著性水平是 α ,则检验的拒绝域为

$$W = \left\{ (x_1, x_2, \cdots, x_M) : \frac{1}{\sigma_0^2} \sum_{i=1}^{M} \left(x_i - \overline{x} \right)^2 < \chi_\alpha^2 (m-1) \right\} \tag{6.18}$$

6.3.3 MRR 分布指标的计算

1. MRR 的分布假设检验[1]

为验证 MRR 是否正态分布,需进行分布假设检验。对于样本分布的检验方法主要有 χ^2 检验法和偏度、峰度检验。 χ^2 检验法虽然是检验总体分布的一般方法,但用它来检验总体的正态性时,犯第 II 类错误的概率往往较大。根据统计学家奥野忠一等在 20 世纪 70 年代的大量模拟计算的结果,在正态性检验方法中,偏度、峰度检验法较为有效,且检验结果可信度好[2]。

将 MRR 样本 x_i ($i = 1, 2, \cdots, M$)看作随机变量 x 的取值。随机变量 x 的偏度和峰度[2]指的是 x 的标准化变量 $\left[x - E(x) \right] / \sqrt{D(x)}$ 的三阶中心矩 ν_1 和四阶中心矩 ν_2 ,即

$$v_1 = E\left[\left(\frac{x - E(x)}{\sqrt{D(x)}}\right)^3\right] = \frac{E\left[\left(x - E(x)\right)^3\right]}{\left(D(x)\right)^{\frac{3}{2}}} \tag{6.19}$$

$$v_2 = E\left[\left(\frac{x - E(x)}{\sqrt{D(x)}}\right)^4\right] = \frac{E\left[\left(x - E(x)\right)^4\right]}{\left(D(x)\right)^2} \tag{6.20}$$

式中，$E(x)$、$D(x)$ 分别是 x 的均值和方差。当随机变量 x 服从正态分布时，$v_1 = 0$ 且 $v_2 = 3$。

设 $x_1, x_2, \cdots, x_M$ 是来自总体 x 的样本，则 v_1、v_2 的矩估计分别为

$$g_1 = A_3 / A_2^{3/2}, \quad g_2 = A_4 / A_2^2 \tag{6.21}$$

式中，$A_k (k = 2, 3, 4)$ 是样本 k 阶中心矩；并分别称 g_1、g_2 为样本偏度和样本峰度。

如果总体 x 为正态变量，当 M 充分大时，则近似为

$$g_1 \sim N\left(0, \frac{6(M - 2)}{(M + 1)(M + 3)}\right) \tag{6.22}$$

$$g_2 \sim N\left(3 - \frac{6}{M + 1}, \frac{24M(M - 2)(M - 3)}{(M + 1)^2(M + 3)(M + 5)}\right) \tag{6.23}$$

现在来假设检验

$$H_0: x \text{ 为正态总体；} H_1: x \text{ 为非正态总体} \tag{6.24}$$

记 $\sigma_1 = \sqrt{\dfrac{6(M - 2)}{(M + 1)(M + 3)}}$，$\sigma_2 = \sqrt{\dfrac{24M(M - 2)(M - 3)}{(M + 1)^2(M + 3)(M + 5)}}$，$\mu_2 = 3 - \dfrac{6}{M + 1}$。令 $u_1 = g_1 / \sigma_1$，$u_2 = (g_2 - \mu_2) / \sigma_2$。当 H_0 为真且 M 充分大时，近似有

$$u_1 \sim N(0,1), \ u_2 \sim N(0,1) \tag{6.25}$$

样本偏度 g_1 和样本峰度 g_2 分别依概率收敛于总体偏度 v_1 和总体峰度 v_2。因而当 H_0 为真且 M 充分大时，g_1 和 v_1 应该接近于 0，g_2 和 v_2 应该接近于 3。从直观上看，当 $|u_1|$ 和 $|u_2|$ 过大时，就应该拒绝 H_0。设显著性水平为 α，H_0 的拒绝域为

$$|u_1| \geqslant k_1 \quad \text{或} \quad |u_2| \geqslant k_2 \tag{6.26}$$

式中，k_1、k_2 由式 (6.27) 确定，即

$$P_{H_0}\{|u_1| > k_1\} = \frac{\alpha}{2}; \quad P_{H_0}\{|u_2| > k_2\} = \frac{\alpha}{2} \tag{6.27}$$

式中，记号 $P_{H_0}\{\cdot\}$ 表示当 H_0 为真时事件 $\{\cdot\}$ 的概率。即有 $k_1 = z_{\alpha/4}$，$k_2 = z_{\alpha/4}$。于是可得拒绝域为

$$|u_1| \geq z_{\alpha/4} \quad \text{或} \quad |u_2| \geq z_{\alpha/4} \tag{6.28}$$

简要验证当 M 充分大时，上述检验近似满足显著性水平为 α 的要求。当 M 充分大时，有

$$P\{\text{拒绝 } H_0 | H_0 \text{为真}\} = P_{H_0}\{(|u_1| \geq z_{\alpha/4}) \cup (|u_2| \geq z_{\alpha/4})\}$$

$$\leq P_{H_0}\{|u_1| \geq z_{\alpha/4}\} + P_{H_0}\{|u_2| \geq z_{\alpha/4}\} = \frac{\alpha}{2} + \frac{\alpha}{2} = \alpha \tag{6.29}$$

2. 分布指标的计算

在实际的评估工作中，满足样本的容量情况下，记 $u = \max\{|u_1|, |u_2|\}$，分布假设检验的门限为 μ，则分布指标为

$$I_{\text{dis}} = \begin{cases} 0, & u > \mu \\ \dfrac{u}{\mu}, & u \leq \mu \end{cases} \tag{6.30}$$

6.3.4 MRR 独立性指标的计算

MRR 独立性指标主要考虑的是识别率与信噪比 SNR 的关联程度。当二维总体 (X,Y) 服从二维正态分布时，X 与 Y 相互独立等价于两者不相关，即相关系数 $\rho = 0$。考察识别效果与信噪比水平的独立性水平，当信噪比确定以后，识别方法的 MRR 应该服从正态分布，而信噪比水平是离散分布的，这时就要用到独立性检验来刻画它们的关系。

假设两个指标 X 和 Y 分别包含 r 个水平和 t 个水平，(X,Y) 为离散分布。

$$P(X = i, Y = j) = p_{ij}, \; \forall i \in [1, r], \forall j \in [1, t] \tag{6.31}$$

为指标 X 同属于第 i 类和第 j 类的概率；i、j 为整数。

效果评估的独立性检验中，总体 (X,Y) 为符合样本容量的测试结果的总体。指标 X 选为信噪比水平；指标 Y 选为正确识别或错误识别，即 1 或 0。

独立性检验假设为

$$H_0: p_{ij} = p_{i.} \cdot p_{.j}, \forall i \in [1, r], \forall j \in [1, 2]; \quad H_1: H_0 \text{不然} \tag{6.32}$$

式中，$p_{i.}$ 和 $p_{.j}$ 分别是 X 和 Y 的边缘概率函数。

设 (X,Y) 的样本容量为 m，m_{ij} 为样本中指标 i 且识别结果为 j 的测试次数，$\forall i \in [1, r], \forall j \in [1, 2]$。对式 (6.32) 的假设检验选取的统计量为

$$\chi^2 = \sum_{i=1}^{r} \sum_{j=1}^{2} \frac{(m_{ij} - m\bar{p}_{i.} \cdot \bar{p}_{.j})^2}{m\bar{p}_{i.} \cdot \bar{p}_{.j}} = \sum_{i=1}^{r} \sum_{j=1}^{2} \frac{(m_{ij} - m_{i.}m_{.j} / m)}{m_{i.}m_{.j} / m} \tag{6.33}$$

式中

$$\overline{p}_{i\cdot} = \sum_{j=1}^{2} m_{ij} / m \qquad (6.34)$$

$$\overline{p}_{\cdot j} = \sum_{i=1}^{r} m_{ij} / m \qquad (6.35)$$

分别为在假设 H_0 成立时，$p_{i\cdot}$ 和 $p_{\cdot j}$ 的极大似然估计。

给定显著性水平 α，在测试满足样本容量的要求下，近似有

$$\chi^2 \sim \chi^2_{1-\alpha}(r-1)(t-1) \qquad (6.36)$$

独立性检验不用将原始测试结果进行处理得到 MRR 样本，直接将原始测试结果记入列联表中，表 6.1 就是识别方法独立性检验测试结果的一般表述。

表 6.1 识别方法独立性检验测试结果的一般表述

识别效果	信噪比水平				
	1	$\cdots$	i	$\cdots$	r
正确	m_{11}	$\cdots$	m_{i1}	$\cdots$	m_{r1}
错误	m_{12}	$\cdots$	m_{i2}	$\cdots$	m_{r2}

表 6.1 中 m_{i1} 表示在满足样本容量的情况下，指标 X 处于水平 i，识别正确的次数；m_{i2} 表示在满足样本容量的情况下，指标 X 处于水平 i，识别错误的次数。

独立性检验用于衡量识别方法对信噪比的敏感程度，实际的检验过程中需要通过设置不同门限来适应不同的应用环境。在满足样本容量的情况下，记检验统计量 χ^2 的值为 η；独立性假设检验的门限为 θ；则独立性指标为 $\dfrac{\theta}{\eta}$。

6.3.5 实验与分析

在 SNR 为 0dB 时，选择复杂度特征作为实验所用的特征参数，采用 SVM、PNN（Probabilistic Neural Network）、GASVM（Genetic Algorithm Support Vector Machine）和 PSOSVM（Particle Swarm Optimization Support Vector Machine）四种算法作为雷达辐射源信号识别算法，其中 GA 的代沟为 0.9，PSO 的惯性权值为 0.9，弹性因子都为 1，利用这四种识别算法组成四个识别系统，分别进行如下仿真实验。

利用上述特征参数和识别算法分别进行 600 次仿真实验，每种算法的识别准确率如图 6.5 所示。得到每种算法的 600 次识别准确率后，将其分为 20 组，每组 30 次实验的识别准确率计算每种算法的 MRR，得到每种算法的每组 MRR 值如图 6.6 所示；每种算法的 MRR 分布图如图 6.7 所示。通过每种算法的每组 MRR 值可以计算得到每组 MRR 的方差，如图 6.8 所示。

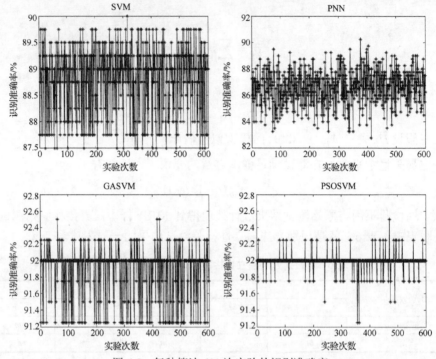

图 6.5　每种算法 600 次实验的识别准确率

由图 6.5 可知，GASVM 和 PSOSVM 两种优化算法能够得到较高的识别准确率，而 PNN 的识别准确率相对较低。就 PNN 和 SVM 两种识别算法而言，虽然它们的最高识别准确率大体相同，但 PNN 的最低识别准确率要比 SVM 的最低识别准确率低4%，这说明不能用单次或几次识别准确率来判断识别结果的好坏，下面利用 MRR 计算评估指标来对识别结果进行评估。

图 6.6 为每种识别算法的 MRR 值，直观地反映了每种识别算法的识别准确率的分布样式及特性，说明 MRR 可用于计算雷达辐射源信号识别系统效能评估的指标。

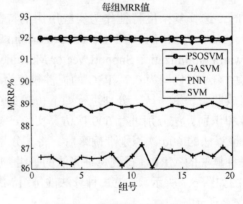

图 6.6　每种算法的 MRR

文献[1]、[7]、[8]分别从理论上证明了 MRR 是服从正态分布的，但在实际中，需要经过大量实验才能证明其服从正态分布，一般只需考察其是否有服从正态分布的趋势。图 6.7 中每种算法的 MRR 不同程度的都有服从正态分布的趋势，验证了可以用 MRR 呈正态分布的程度来表征稳定性指标。另一种能对识别结果的稳定性做出评估的指标为 MRR 的方差，图 6.8 中给出了每种算法 MRR 方差的变化曲线。由图 6.8 可知，每种算法 MRR 的方差存在较大差异，如 PNN 的方差明显大于其余 3 种算法，从而验证了利用方差作为稳定性评估指标的可行性。

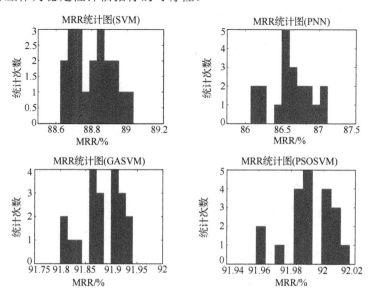

图 6.7　每种算法 MRR 分布

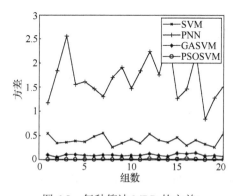

图 6.8　每种算法 MRR 的方差

通过对 MRR 的计算及分析，可以得到用于评估雷达辐射源信号识别结果的评估指标值，如表 6.2 所示。

表 6.2　评估指标值

指标 算法	C11/%	C12/%	C21	C22	C3	C41/KB	C42/s
SVM	[88.63,89.03]	88.81	0.4137	[0.2558,0.5557]	0.8082	81	[0.12,0.14]
PNN	[86.08,87.12]	86.61	0.1807	[0.8383,2.5570]	0.9695	65	[0.18,0.20]
GASVM	[91.80,91.94]	91.88	0.4600	[0.0471,0.1439]	0.7763	85	[0.35,0.44]
PSOSVM	[91.95,92.02]	91.99	0.6937	[0.0021,0.0262]	0.7935	86	[0.37,0.45]

表 6.2 中 C11、C12、C21 和 C22 这 4 个指标由 MRR 计算得出，而 C4 指标则在进行上述实验时同时得出，C3 单独计算得到。由指标值可知，并没有哪种算法比其他算法有明显的优势，如 PSOSVM 的识别准确率最高，但其识别代价也最高；SVM 和 PNN 虽然识别代价较低，但其识别准确率不如其他算法。因此，需要对每种算法的识别结果进行全面的评估。

6.4　基于模糊综合评判的评估方法

前面对评估指标的构建与计算进行了分析和说明，并通过相关实验进行了有效性的验证，下面将基于以上指标，利用模糊综合评估方法，对雷达辐射源识别系统的识别效果进行定性评估，给出直观的评估结果，指导评估系统调整特征参数和分类器的选择与设置[9]。

6.4.1　模糊理论及模糊综合评判法

综合评判模型由汪培庄于 20 世纪 80 年代提出，经过三十余年的发展已经形成较为完整的理论，而模糊综合评判就是其中较典型、应用较广的一类综合评判方法。模糊综合评判法是通过模糊变换进行的，以下为模糊变换的定义[1,7,8,10-14]。

定义 6.1　设 $X = (x_{ij})_{m \times n}, 0 \leqslant x_{ij} \leqslant 1, i \in [1,m], j \in [1,n]$ 为模糊矩阵，$Y = (y_1, y_2, \cdots, y_m)$，$0 \leqslant y_i \leqslant 1, i \in [1,m]$ 为模糊向量，则称

$$X \circ Y = Z \tag{6.37}$$

为模糊变换。

式中，"。" 为合成运算，在合成运算中，一般用 "∨" 表示最大，用 "∧" 表示最小。典型的合成运算有：最大-最小合成运算——$\Delta = (\wedge, \vee)$；最大-积合成运算——$\Delta = (\cdot, \vee)$ 等。

模糊综合评判主要由因素集 U、评判集 V、模糊矩阵 R 以及权值 W 这四个要素构成。其中，因素集 U 包含了评估所需的所有因素，称为论域。按照用户的需求及评估的目的，应用确定的权值对每种因素赋权，之后与评判集进行模糊变换，得到最后的评估结果，评估结果矩阵中的元素分别表示评估目标对评判集中某一评语的隶属度。由此可以得到模糊综合评判法的计算流程。

(1) 建立因素集。建立因素集 $U = \{U_1, U_2, \cdots, U_m\}$ 和各级子因素集 $U_i = \{u_{i1}, u_{i2}, \cdots, u_{im}\}$。

(2) 单因素评价。首先根据用户需求和评估目的，确立评估结果等级，并依据评估结果等级确定各个指标对应的评判集 $V = \{v_1, v_2, \cdots, v_n\}$。其次对因素集中的每个因素进行评判，计算因素 u_i 对评语 v_j 的隶属度 r_{ij}，由此可以得到评判集 V 上的模糊子集为

$$r_i = (r_{i1}, r_{i2}, \cdots, r_{in}) \tag{6.38}$$

(3) 建立模糊评判矩阵。由 m 个因素就可构成模糊评判矩阵

$$R = \begin{bmatrix} R_1 \\ R_2 \\ \vdots \\ R_m \end{bmatrix} = \begin{bmatrix} r_{11} & r_{12} & \cdots & r_{1n} \\ r_{21} & r_{22} & \cdots & r_{2n} \\ \vdots & \vdots & & \vdots \\ r_{m1} & r_{m2} & \cdots & r_{mn} \end{bmatrix} \tag{6.39}$$

(4) 建立综合评价模型。首先通过一定的方法确定指标权值 $W = (w_1, w_2, \cdots, w_m)$，然后将指标权值与步骤(3)得到的模糊评判矩阵 R 进行模糊变换

$$W \circ R = A \tag{6.40}$$

由式(6.40)可以得到模糊综合评判集。

(5) 综合评价。根据最大隶属度理论，选择步骤(4)中求得的模糊综合评判集中的最大值所对应的评判等级作为综合评估结果。

将上述模糊综合评判法应用于雷达辐射源信号识别系统效能评估中可得到基于该方法的雷达辐射源信号识别系统效能评估方法，其步骤如下。

(1) 确定因素集。根据前面对指标的分析，确定指标(因素)集为 $\{MRR, M_{mean}, I_{dis}, M_{var}, M_{ind}, Space, Time\}$，记为 $U = \{u_1, u_2, \cdots, u_7\}$。

(2) 确立评判集。根据评估目的，确定评判集为{优，良，可用，不可用}，记为 $V = \{v_1, v_2, v_3, v_4\}$。

(3) 确定指标权值。采用 AHP 法，确立评估指标的对应权值向量为 $W = \{w_1, w_2, \cdots, w_7\}$，满足 $\sum_{i=1}^{7} w_i = 1$。

(4) 确定指标变化区间。首先根据识别率原始数据，计算每一指标值，并确定单因素评价矩阵。其次根据识别目的，确定评语范围，如表 6.3 所示。

(5) 计算模糊评判矩阵。假设每个评估指标计算得到 m 个值，$M_{mean} \geqslant P_1$ 有 m_{11} 组，$P_1 \leqslant M_{mean} \leqslant P_2$ 有 m_{12} 组，$P_2 \leqslant M_{mean} \leqslant P_3$ 有 m_{13} 组，$M_{mean} \leqslant P_3$ 有 m_{14} 组，根据模糊数学理论的投票法思想，则 M_{mean} 隶属于"优"的概率为 $\dfrac{m_{11}}{m}$，M_{mean} 隶属于"良"的概率为 $\dfrac{m_{12}}{m}$，M_{mean} 隶属于"中"的概率为 $\dfrac{m_{13}}{m}$，M_{mean} 隶属于"差"的概率为 $\dfrac{m_{14}}{m}$。由

此可得单因素评判矩阵为

$$R = [m_{ij} / m] = \frac{1}{m} \begin{bmatrix} m_{11} & m_{12} & \cdots & m_{14} \\ m_{21} & m_{22} & \cdots & m_{24} \\ \vdots & \vdots & & \vdots \\ m_{71} & m_{72} & \cdots & m_{74} \end{bmatrix} \tag{6.41}$$

表 6.3 评语范围

评估指标＼评语	优	良	可用	不可用
MRR	$\geqslant M_1$	(M_2, M_1)	(M_3, M_2)	$\leqslant M_3$
M_{mean}	$\geqslant P_1$	(P_2, P_1)	(P_3, P_2)	$\leqslant P_3$
I_{dis}	$\leqslant I_1$	(I_1, I_2)	(I_2, I_3)	$\geqslant I_3$
M_{var}	$\leqslant F_1$	(F_1, F_2)	(F_2, F_3)	$\geqslant F_3$
M_{ind}	$\geqslant D_1$	(D_2, D_1)	(D_3, D_2)	$\leqslant D_3$
Space	$\leqslant S_1$	(S_1, S_2)	(S_2, S_3)	$\geqslant S_3$
Time	$\leqslant T_1$	(T_1, T_2)	(T_2, T_3)	$\geqslant T_3$

令 $b_{ij} = \dfrac{m_{ij}}{m}$，$i = 1, 2, \cdots, 7; j = 1, 2, 3, 4$，记 $B = \left[b_{ij} \right] = \begin{bmatrix} b_{11} & b_{12} & \cdots & b_{14} \\ b_{21} & b_{22} & \cdots & b_{24} \\ \vdots & \vdots & & \vdots \\ b_{71} & b_{72} & \cdots & b_{74} \end{bmatrix}$，称 B 为模

糊评判矩阵。

（6）得出评价结果。通过模糊变换得到最终的评估结果

$$C = W \circ B \tag{6.42}$$

式中，$c_j = \overset{7}{\underset{i=1}{\vee}} (w_i \wedge b_{ij}), j = 1, 2, 3, 4$。

6.4.2 实验与分析

为验证基于模糊综合评判的雷达辐射源信号识别系统效能评估方法，结合表 6.3 的评估指标值，首先确定评语集及其范围，如表 6.4 所示。

表 6.4 各个因素对应的评语变化范围

指标＼评语	优	良	可用	不可用
C11	$\geqslant 0.900$	$(0.800, 0.900)$	$(0.700, 0.800)$	$\leqslant 0.700$
C12	$\geqslant 0.900$	$(0.800, 0.900)$	$(0.700, 0.800)$	$\leqslant 0.700$
C21	$\leqslant 0.250$	$(0.250, 0.500)$	$(0.500, 0.750)$	$\geqslant 0.750$
C22	$\leqslant 0.250$	$(0.250, 0.500)$	$(0.500, 0.750)$	$\geqslant 0.750$
C3	$\geqslant 0.800$	$(0.800, 0.600)$	$(0.600, 0.400)$	$\leqslant 0.400$
C41/KB	$\leqslant 50$	$(50, 70)$	$(70, 90)$	$\geqslant 90$
C42/s	$\leqslant 0.150$	$(0.150, 0.350)$	$(0.350, 0.500)$	$\geqslant 0.500$

在得到规范化矩阵后，根据 AHP 法计算指标权值。使用斯塔相对重要性等级表构造不同指标关系的判断矩阵，计算排序重要性系数，并进行一致性检验。准则层判断矩阵的取值如表 6.5 所示。

表 6.5　判断矩阵的取值

	B1	B2	B3	B4
B1	1	2.15	3	2.5
B2	1/2.15	1	2.25	1.5
B3	1/3	1/2.15	1	1/2.5
B4	1/2.5	1/1.5	2.5	1

归一化后得到准则层权重向量 $w = [0.4443, 0.2460, 0.1099, 0.2008]$，通过一致性检验。对于每个准则下面的指标层指标也可用 AHP 法获得其权值，分别表示为：$w_{C1} = [0.25, 0.75]$，$w_{C2} = [0.5, 0.5]$，$w_{C3} = 1$，$w_{C4} = [0.5, 0.5]$，符合一致性检验。由此可以得到 AHP 法最终的指标权值为 $W_{AHP} = [0.1487, 0.2956, 0.1230, 0.1230, 0.1099, 0.1004, 0.1004]$。由此可以计算得到四种方法的识别系统效能评估结论如表 6.6 所示。

表 6.6　评估结果

评语 算法	优	良	可用	不可用
SVM	0.6091	0.1247	0.2662	0
PNN	0.3162	0.3967	0.2862	0
GASVM	0.7118	0.2880	0	0.0002
PSOSVM	0.7151	0.2846	0	0.0003

由表 6.6 可得，SVM、GASVM 和 PSOSVM 隶属度最大值对应的评语是优，而 PNN 隶属度最大对应的评语是良，说明 SVM 类算法的识别结果是在一个层次，而 PNN 要略逊于其余三种算法，因此基于模糊综合评判的雷达辐射源信号识别系统效能评估方法能对识别结果做出准确的评估。但利用该方法得到的评估结果是定性的，输出的是最大隶属度对应的评语，若要定量表示评估结果的方法，则需另辟途径。

6.5　本 章 小 结

本章给出了识别率的含义，提出了识别率测试结果的概念，分析了识别率测试结果的性质和特性，介绍了选取识别效果评估指标的原则，并在识别率测试结果的基础上提出了反映不同性能相应的评估指标，最后给出了评估指标详细的计算方法，并进行了实验与分析，为雷达辐射源信号识别效果评估工作奠定了基础。

参 考 文 献

[1]　庄钊文, 黎湘, 李彦鹏, 等. 自动目标识别效果评估技术. 北京: 国防工业出版社, 2006: 61-62.

[2]　盛骤, 谢式千, 潘承毅. 概率论与数理统计. 北京: 高等教育出版社, 1989: 134-138.

[3]　吴翊, 李永乐, 胡庆军. 应用数理统计. 长沙: 国防科技大学出版社, 1995.

[4]　于寅. 高等工程数学. 武汉: 华中理工大学出版社, 1995.

[5]　陈浩. 空间信息干扰效能评估方法研究[硕士学位论文]. 北京: 北京邮电大学, 2007.

[6]　徐璟. 何明浩, 陈昌效, 等. 基于理想排序的雷达信号识别效能评估方法. 电波科学学报, 2015, 30(3): 554-559.

[7]　王欢, 何明浩, 刘锐, 等. 雷达信号识别结果的模糊综合评价研究. 雷达科学与技术, 2012, 10 (4): 372-375.

[8]　李彦鹏. 自动目标识别系统效能评估——基础、理论体系及相关研究[硕士学位论文]. 长沙: 国防科学技术大学, 2004.

[9]　徐璟. 雷达辐射源信号识别系统评估研究[博士学位论文]. 武汉: 空军预警学院, 2014.

[10]　Rich C, Alexandru N M. An empirical evaluation of supervised learning for roc area. Roc Analysis in Ai, 2004(1): 1-8.

[11]　王欢. 雷达辐射源信号识别系统效能评估研究[硕士学位论文]. 武汉: 空军预警学院, 2014.

[12]　汪培庄, 李洪兴. 模糊系统理论与模糊计算机. 北京: 科学出版社, 1996.

[13]　汪培庄, 韩立岩. 应用模糊数学. 北京: 北京经济学院出版社, 1989.

[14]　Wang H, He M H, Xu J, et al. Performance evaluation for radar signal recognition based on AHP//2012 International Conference on Multimedia and Signal Processing, Shanghai, 2012.

第7章 雷达辐射源工作模式识别

雷达辐射源工作模式识别是雷达辐射源识别的一项重要内容，它以脉冲流分类后属于同一部雷达的脉冲串为处理对象，用于识别雷达辐射源当前所采用的工作模式、战术用途等内容。目前对雷达辐射源工作模式识别主要采用脉冲到达角、载频、脉宽、脉冲幅度和脉冲重复频率等特征参数，本章首先介绍现代雷达的几种典型工作模式，然后简要分析重频、脉幅以及数据率在工作模式识别中的相关应用。

7.1 现代雷达典型工作模式分析

与常规雷达相比，新体制雷达特别是相控阵雷达天线波束扫描的灵活性、信号波形的捷变能力以及具备的数字波束形成技术，使得其能够根据对目标的搜索和跟踪要求，担负多种任务，还可以对信号能量进行自适应管理，搜索时间与跟踪时间也可自适应调整。而雷达辐射源信号的特征参数是根据雷达的战术用途来选择的，工作在不同模式下的雷达信号参数有着不同的变化规律和特点，利用雷达信号参数变化特点对雷达的工作模式进行识别，对电子对抗情报分析工作具有重要意义。下面简要分析现代雷达常见的工作模式及其信号参数的取值特点。

7.1.1 搜索模式

搜索模式是指雷达在一定的方位或仰角范围内发现和探测目标的一种模式[1]。这种工作模式是担负警戒、引导、目标指示等任务雷达的主要工作模式，也是机械扫描武器控制雷达和多功能相控阵雷达的工作模式之一。对机械扫描的警戒、引导等雷达，搜索模式主要有圆周搜索、扇形搜索、俯仰搜索，扫描速度通常有几种可选，个别雷达扫描速度可变化。对于一维相控阵雷达，通常在方位上圆周搜索或扇形搜索，而在俯仰上电控扫描，且俯仰上的波束指向通常为若干个固定的方向(即波位)，在各波位的扫描顺序可为顺序扫描或编程可控；对机械扫描武器控制雷达，搜索模式可为圆扫、扇扫、锥扫、光栅扫等；对于二维相控阵雷达，由于其天线波束的灵活性和雷达信号波形的多样性，可以进行分层搜索，即按照搜索空域预警的重要性、目标可能出现在该空域的概率、雷达探测威力，相控阵雷达可分为多个不同的搜索区，天线波束则按照不同仰角，在空间依次分层进行方位扇形搜索。对于不同的搜索区域，可以按照不同的重复周期、不同的信号波形及不同的波束驻留时间来安排搜索时间及搜索间隔时间，搜索模式也较为灵活。

根据目标的距离，搜索模式可分为远距离搜索和近距离搜索。对于远区目标进行搜索时，其作用距离可以达到其最大探测距离，有的甚至可以长达几千千米，雷达信号的重复周期较长，信号脉冲宽度也较宽，搜索时间增加，有时可能采用多波束同时搜索才能满足搜索时间的要求。例如，作用距离为 4800km 以上的美国 FPS-115 型雷达，工作在搜索状态时，脉冲重复周期较长，可达几千微秒，信号脉宽也较宽。搜索近距离目标时，重复周期较短，脉冲宽度较窄。在若干子搜索区内可以选择个别搜索区为重点搜索空域，对该重点搜索区分配更多的信号能量，可以保证更远的作用距离。对仰角上一维相位扫描的三坐标雷达来说，重点搜索区放在低仰角，一般搜索区放在高仰角。对二维相位扫描的相控阵雷达来说，重点搜索区还可在方位搜索空域内安排。

7.1.2　跟踪模式

跟踪模式是指雷达对重点目标进行连续探测或探测间隔足够小的一种工作模式。跟踪的任务包括初始跟踪、跟踪和跟踪丢失处理等。在初始跟踪状态下为了具有较好的动态特性，跟踪波门一般较宽，发现目标后，在转入对其稳定跟踪之前，必须有一个检验确认的过程，其在信号能量分配、数据采样安排等方面与跟踪工作模式相似，使雷达能够较快地进入稳定跟踪状态，但精度会差一些。在跟踪状态下，选择较窄的波门，以获得更好的滤波效果。在跟踪过程中，由于目标机动、起伏以及环境的影响，回波可能会丢失，所以雷达的数据率通常较高，最高可以与 PRI 相同。

如果相控阵雷达对每一个跟踪目标都要采用高的跟踪数据率，那么时间资源和信号能量都是不够的。因此，相控阵雷达利用其天线波束扫描的灵活性，对不同的目标采用不同的跟踪数据率。它将被跟踪的目标分为若干类，对不同类别的目标采用不同的跟踪数据率。例如，对还处于跟踪过渡过程中的目标，用较短的采样间隔时间；对已稳定跟踪的目标，可视其重要性及威胁度大小分成若干种跟踪状态，如重要性或威胁度大的目标，跟踪采样间隔时间也较小；重要性或威胁度较小的目标，跟踪采样间隔时间可以较大。例如，对民航飞机的跟踪数据率较低，对高机动飞机的跟踪数据率较高，而对低空高速飞行目标，由于其角速度大，跟踪数据率则更高。

7.1.3　武器控制模式

武器控制模式，或称制导模式，是武器控制雷达或多功能雷达控制武器系统对目标进行攻击时的工作模式。对于机械扫描武器控制雷达，在武器控制模式时波束瞄准被攻击目标，连续照射；对于多功能雷达，在武器控制模式时，则以较高的数据率工作，以确保测量精度。

以制导为例，雷达需要提供目标与导弹的坐标数据，为导弹的飞行提供制导信息，以至于摧毁目标。目前常用的制导方法有指令制导、寻的制导和复合制导。指令制导是指雷达通过顺序波瓣扫描同时测量目标与导弹的相对角度偏差，利用测量到的目标与导弹相对角度偏差形成制导指令，引导导弹攻击目标。其特点是弹上设备配置较简单，但要求地面雷达有较高的相对偏差测量精度，因此它比较适合应用于射程小于 50km 的防空导弹武器系统。寻的制导分为主动寻的制导和半主动寻的制导。主动寻的制导的导引头是一部安装在导弹上的制导雷达，因此当导弹上的制导雷达完成截获目标后，就能自主控制导弹飞向目标。它的主要特点是：地面制导雷达简单，能拦截多目标，但由于弹上空间体积的限制，末制导雷达的作用距离有限，要与其他制导方式复合使用。半主动寻的制导在整个拦截过程中需要地面照射雷达向目标发射信号，使导引头接收到目标的回波，以形成控制指令控制导弹飞向目标。这种体制的特点是：地面制导雷达系统中除了目标跟踪雷达，还需配备大功率的照射雷达。由于制导精度高，设备相对简单，在防空导弹武器系统中得到了广泛应用。对于中远程的防空导弹武器系统，由于要求的作战空域大、射程远，如果采用指令制导方法，则不能满足制导精度的要求；而寻的制导精度不受距离的限制，但导弹上制导雷达的作用距离不能满足远程作战的要求，因此不能单独使用。

在导弹发射过程中，制导雷达需要不断测定导弹及目标的运动轨迹，因此一般要求制导雷达能同时跟踪多个目标。由于分辨力、机动性能以及测量精度的要求，担负制导的雷达不能在低频段上工作，工作频率一般选择在 C 波段以上，且为获得目标的连续数据，制导模式要求雷达具有较高的数据率。以外军地空导弹系统中的某型雷达为例，它工作在 G 波段，采用 TVM（Track via Missile）制导方式，能同时跟踪近百批目标，制导多发导弹，且由于其对于分辨力较高的要求，雷达天线扫描方式也区别于其他模式，该雷达波束有三十多种扫描状态，并且随制导体制的改变而改变。为了提高系统的抗干扰能力，雷达发射用于跟踪目标的信号频率与用于照射导弹的信号频率是不同的。目标反射的信号，一路直接到达相控阵雷达，由相控阵雷达主天线接收，通过处理获得目标的坐标位置参数；另一路反射信号被导弹导引头接收，获得目标的坐标位置参数后转发到地面，在地面进行处理，提取导引头测量的目标有关信息，形成控制指令控制导弹的飞行。

7.1.4　综合工作模式

相控阵雷达的一个特点是具有实时跟踪多个空间目标的能力。在许多情况下，都要求相控阵雷达在跟踪已发现的多批目标的情况下，还要维持对搜索区的搜索，以便发现在搜索区内可能出现的新目标，因此处理多批目标是相控阵雷达工作模式里的一个重要内容。在以上三种工作模式的基础上，结合不同的雷达任务，可以产生多种雷达工作模式。典型的有边搜索边跟踪（Track while Search，TWS）与搜索加跟踪（Track and Search，TAS）。TWS 模式是传统的机械扫描雷达所采用的跟踪与搜索相结合的模式，即采用相同的模式对不同的目标同时进行检测与跟踪，而不设定专门的跟踪照射，搜索与跟踪数据率相同，且都较低。这种模式在机械扫描雷达和一维相控阵中应用较为广泛，二维相控阵雷达的 TWS 模式的缺点是可管理和控制的自由度较低、自适应能力弱。体现二维相控阵雷达技术优势的工作模式是 TAS 模式。TAS 模式利用时间分割原理，将跟踪时间安插于搜索时间内，两者按照不同的搜索数据率与跟踪数据率进行，跟踪数据率一般要高于搜索数据率。这样既保证了跟踪的可靠性与精度，同时对搜索数据率可放宽要求，以节省发射功率与设备量，如图 7.1 所示，其时间关系相对复杂一些，并且对于搜索与跟踪不同的目标时，采用的信号样式也随目标的位置、状态等而变化。

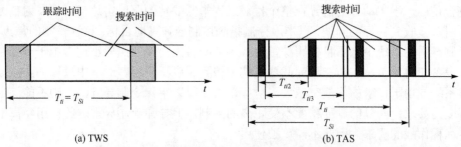

图 7.1　TWS 与 TAS 模式下搜索时间与跟踪时间关系图

　　对雷达的工作模式进行分析是实现"参数分析"到"战术分析"的一个重要转变，是电子对抗情报分析工作中的一项重要内容，也是当前的一项难点工作。通过上面分析可知，雷达的工作模式与雷达发射信号的重频、载频、脉幅以及数据率等参数有着直接的关联，对分选以后的雷达信号基于上述参数进行分析，是有效推断雷达工作模式的一个途径。因此，对雷达的重频调制样式、脉幅类型以及数据率情况等进行研究是一项基础工作。下面将重点围绕重频、脉幅以及数据率展开研究。

7.2　基于重频的工作模式识别

　　雷达重频模式是指雷达脉冲重复频率的调制样式，它与雷达的用途、类型和工作状态紧密相关，并且也是电子对抗侦察情报分析的关键参数之一。通过提取脉冲到达时间序列的特征参数，判别脉冲重复频率的调制样式，称为雷达重频模式的识别[2]。随着新型复杂体制雷达的广泛应用，雷达的重频调制样式更加复杂、多变，对雷达重频模式的自动识别也变得更加困难。本节首先阐述各种重频模式与雷达辐射源本征属性的相互关系，然后针对目前雷达重频模式识别算法的不足，介绍一种新的重频模式识别算法，为识别辐射源本征属性服务[3]。

7.2.1　雷达重频模式分析

　　雷达的重频调制类型和重频调制参数与雷达辐射源的工作属性紧密相关。以重频固定脉冲序列为例，说明雷达性能与重频的关系。对于重频固定脉冲雷达，其最大无模糊距离（R_u）和最大无模糊速度（V_u）为

$$R_u = \frac{c \cdot \mathrm{PRI}}{2} \tag{7.1}$$

$$V_u = \frac{c}{2 \cdot \mathrm{PRI} \cdot \mathrm{RF}} \tag{7.2}$$

式中，R_u 的单位为 m；V_u 的单位为 m/s；PRI 为脉冲重复间隔，单位为 s；RF 为雷达载频，单位为 Hz；c 为光速。

最大无模糊距离和最大无模糊速度的乘积为

$$R_u \cdot V_u = \frac{c^2}{4 \cdot \mathrm{RF}} \tag{7.3}$$

对于给定的载频，乘积 $R_u \cdot V_u$ 是一个常量，这意味着一部载频固定雷达的总模糊度是固定的，脉冲重复间隔的增大可以提高无模糊距离，却降低了无模糊速度，反之亦然。雷达设计者可以选择其中一个参数为任意值，但是，另一个参数的最大值就被限定。现代雷达中运用的许多 PRI 的变化都是为了获得最佳的无模糊距离或者无模糊速度，还有一些 PRI 变化是为了使搜索的时间最小化，或者避免某些干扰。

雷达可工作于三种脉冲重复频率：低重频、中重频和高重频。低重频意味着在感兴趣的距离范围内，目标的回波总是在下一个脉冲的发射前返回。因此，距离测量总是不模糊的，这通常用于远程搜索雷达和各种简单测距雷达。脉冲重复频率的实际值取决于雷达要探测目标的距离。低重频并没有一个特定的数值，对于典型的设计，脉冲重复频率是几百赫兹。对于这种雷达，感兴趣的目标速度通常产生数倍于脉冲重复频率的多普勒频移，具有严重的速度模糊。当然，如果雷达工作频率足够低，那么感兴趣的多普勒频移可以小于脉冲重复频率，提供足够大的无模糊速度和距离。

高重频意味着对于所有感兴趣的目标，回波的多普勒频移都小于脉冲重复频率。这样，速度测量总是不模糊的。脉冲重复频率的值由载频和感兴趣的目标速度所决定，对于典型的设计，PRF 可以是几十万赫兹，这通常用于机载雷达，这种雷达根据多普勒滤波从杂波中区分目标。对于大多数感兴趣的距离，回波的时延是脉冲重复间隔的许多倍，因此，距离测量是高度模糊的。

中重频意味着目标回波返回时已过去若干个脉冲重复间隔，并且大多数速度的多普勒频移将比脉冲重复频率大好几倍，结果是距离测量和频率测量都是模糊的。因此，必须采用不同的 PRI 变化样式，用于解决距离模糊和速度模糊的问题[4,5]。

雷达重频模式和参数的变化多种多样，其中有些模式是雷达辐射源所普遍使用的，一般可以归纳为表 7.1 所列的几种类型。每一种重频类型与雷达工作模式都有关，具体如表 7.1 所示[4-7]。因此对分选后的雷达信号进行重频调制类型的识别是一项基础工作，也是雷达工作模式分析中必不可少的一项工作。

表 7.1　典型的雷达重频模式与相关的雷达工作模式

重频调制类型	PRI 变化形式	雷达应用
重频固定（FXPRI）	PRI 变化量小于 PRI 均值的 1%	常规的搜索和跟踪雷达，MTI 和脉冲多普勒雷达

重频调制类型	PRI 变化形式	雷达应用
重频参差(STPRI)	几个稳定的 PRI 值在脉冲之间周期性地转换	PD 雷达中用于消除盲速
重频滑变(SLPRI)	PRI 在某一范围内扫描，通常最大值 PRI 小于 6 倍的最小值 PRI	用于固定高度覆盖扫描，消除盲速，避免遮盖效应
重频分组(DSPRI)	脉冲序列 PRI 组间变化，组内的 PRI 比较稳定	用于高重频雷达解模糊，特别是对脉冲多普勒雷达
重频抖动(JIPRI)	PRI 变化范围超过 10%，有可能达到 30%	用于对抗预测脉冲到达时间的干扰
周期变化(SIPRI)	PRI 受周期函数调制，达到平均 PRI 的 5% 的近似正弦变化，速率为 50Hz 或更高	用于圆锥扫描制导，避免遮蔽或用于测距
PRI 脉冲群	脉冲群间有消隐期，可改善距离或速度的分辨率	MTI 系统中用于消除盲速，导弹控制遥感数据，也常用于敌我识别和询问应答机
受控 PRI	多种模式混合，受计算机或 CPU 控制	用于电扫，多功能(边扫描边跟踪)计算机控制的系统

7.2.2　提取原理

随着雷达技术的迅猛发展，大量复杂体制的雷达被应用于作战，雷达的重频调制模式也越复杂，其中典型的重频模式有表 7.1 中所示的 FXPRI、STPRI、JIPRI、SLPRI、DSPRI 和 SIPRI 等六种。由于雷达信号的重频调制模式复杂多变，只采用单一的特征参数很难将其全部识别。针对上述雷达重频模式的特点，本节在重频的基础上，通过一定的数学变换，挖掘出比值特征、比重特征、频率特征和形状特征四个参数来识别重频模式。

1. 比值特征

设分选后的雷达信号的脉冲到达时间序列长度为 N，为滤除数据噪声产生的 PRI 野值，定义 PRI 序列有效数值范围为 $\{PRI_{min}, PRI_{max}\}$，其中 PRI_{min} 对应 PRI 序列的最小值，PRI_{max} 对应 PRI 序列的最大值，PRI 序列的总长度为 $N-1$[8,9]，则 PRI 序列有效数值范围内的均值 μ 和标准差 σ 分别为

$$\mu = \frac{1}{N-1}\sum_{i=1}^{N-1} PRI_i \tag{7.4}$$

$$\sigma = \left[\frac{1}{N-2}\sum_{i=1}^{N-1}(PRI_i - \mu)\right]^{\frac{1}{2}} \tag{7.5}$$

由以上两式可以得到 σ/μ，称为比值特征。理想情况下，重频固定序列的 PRI 值恒定不变，其 σ 为零，σ/μ 也为零，考虑测量误差时，其 σ/μ 趋向于零；重频参差、重频滑变等其他重频调制序列的 PRI 值变化范围起伏不定，其 σ/μ 相对较大。通过比值特征可以有效识别出重频固定模式。

2. 比重特征

将脉冲到达时间序列作一级差直方图，检测直方图过门限的 PRI 峰值的数目 n。

一级差直方图算法最佳检测门限为

$$Y(\tau) = X(E - C)\mathrm{e}^{\frac{-\tau}{KN}} \tag{7.6}$$

式中，E 为脉冲总数；N 为直方图上脉冲间隔的总刻度值；C 为分选级数；τ 为时间间隔；K 和 X 为正的常数，其取值由实验确定。重频参差序列的多个 PRI 值周期变化，每个 PRI 值出现的次数较多，n 值大于等于 1；对于重频固定序列，n 等于 1；对于重频分组序列，因每组 PRI 脉冲的个数不同，有的脉冲序列 n 值为零，有的脉冲序列 n 值为 1；对于其他重频调制样式的脉冲序列，n 均为 0。

在过门限的到达时间序列一级差的基础上，再定义新的序列（DPRI 序列），其表达式为

$$\mathrm{DPRI}_j = \{\mathrm{PRI}_i - \mathrm{PRI}_{i-1}\}_{i=1}^{N-1}, \quad j = 1, 2, \cdots, N-2 \tag{7.7}$$

利用符号函数 $S(j) = \mathrm{sgn}(\mathrm{DPRI}_j)$ 计算 DPRI 序列的符号，得到 DPRI 符号序列，计算公式为

$$\mathrm{sgn}(\mathrm{DPRI}_j) = \begin{cases} 1, & |\mathrm{DPRI}_j| > \varepsilon \\ 0, & |\mathrm{DPRI}_j| < \varepsilon \end{cases} \tag{7.8}$$

式中，ε 为 TOA 测量误差。计算 DPRI 符号序列中数值 1 在整个序列中的比重值，用 ω 表示，ω 称为比重特征。由于重频参差序列相邻脉冲的 PRI 值变化范围较大，数值 1 在 DPRI 符号序列中占的比例较大，ω 值也大；重频固定序列的 ω 值近似为 0；而重频分组序列只有在 PRI 跳变时，相邻 PRI 值变化范围才比较大，因此数值 1 在 DPRI 符号序列占的比例较小，ω 值也小。通过比重特征可以有效识别出重频参差模式。

3. 频率特征

通过提取脉冲序列的两个特征参数：比值特征和比重特征，能够识别出重频固定和重频参差模式，但不能识别其他几种典型的重频调制模式。

再次用符号函数 $S(i) = \mathrm{sgn}(\mathrm{DPRI}_i)$ 计算 DPRI 向量的符号，得到 DPRI 符号向量 $\boldsymbol{S} = [s_1, s_2, \cdots, s_{N-2}]$。计算公式为

$$\mathrm{sgn}(\mathrm{DPRI}_i) = \begin{cases} -1, & \mathrm{DPRI}_i < -\varepsilon \\ 0, & |\mathrm{DPRI}_i| < \varepsilon \\ +1, & \mathrm{DPRI}_i > \varepsilon \end{cases} \tag{7.9}$$

式中，参数 ε 由脉冲间隔的稳定情况决定[9]。

通过式 (7.10) 对 $\boldsymbol{S}$ 进行累加和归一化处理得到特征向量 $\boldsymbol{S}_{cs}$，即

$$S_{cs}(j) = \sum_{i=1}^{j} s_i \Big/ (N-2), \quad j = 1, 2, \cdots, N-2 \tag{7.10}$$

图 7.2 给出了重频滑变和重频分组等其他四种重频调制雷达信号的 $\boldsymbol{S}_{cs}$ 向量曲线。

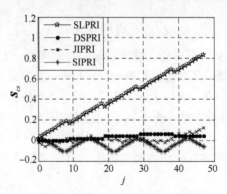

图 7.2　四种重频调制序列的 $\boldsymbol{S}_{cs}$ 向量曲线

分析图 7.2 中曲线的变化特征可知，不同重频调制样式的 $\boldsymbol{S}_{cs}$ 向量存在明显的差异，通过提取 $\boldsymbol{S}_{cs}$ 向量的频率特征和形状特征能够识别这四种重频调制样式。

为了提取 $\boldsymbol{S}_{cs}$ 向量的频率特征，将 $\boldsymbol{S}_{cs}$ 向量进行离散序列快速傅里叶变换，变换公式为

$$f(k) = \sum_{j=1}^{N-2} S_{cs}(j) w_N^{(j-1)(k-1)}, \quad w_N = \mathrm{e}^{(-2\pi i)/(N-2)} \tag{7.11}$$

再通过式 (7.12) 求平均和 P_f，即

$$P_f = \left(\sum_{k=1}^{N-2} f(k) \right) \bigg/ (N-2) \tag{7.12}$$

P_f 即为频率特征。大量的实验数据表明，重频滑变脉冲序列的 $\boldsymbol{S}_{cs}$ 向量曲线的频率特征参数取值较大，若特征参数 $P_f \in [1,2]$，则雷达脉冲序列为重频滑变调制序列。重频分组脉冲序列的 $\boldsymbol{S}_{cs}$ 向量只在 PRI 值跳变时出现阶跃现象，其频率特征参数取值很小，趋向于零，若特征参数 $P_f \in [0, 0.1]$，则雷达脉冲序列为重频分组调制序列。正弦调制和重频抖动序列的频率特征参数取值变化不定，当特征参数 P_f 值在其他数值区间时，雷达脉冲序列可能为正弦调制或重频抖动序列。

4. 形状特征

如果频率特征参数仍不能识别脉冲序列的调制样式，则将继续提取脉冲序列的形状特征参数，判断脉冲序列是重频抖动序列还是正弦调制序列。重频抖动和正弦调制序列对应的 $\boldsymbol{S}_{cs}$ 向量曲线的形状变化是不同的，将曲线的转折点数量作为其形状的一个度量标准来提取向量的形状特征。首先计算向量元素间的变化量

$$\det(k) = S_{cs}(k+1) - S_{cs}(k), \quad k = 1, 2, \cdots, N-3 \tag{7.13}$$

根据 $\det(k)$ 值正负符号的变化情况，统计 $\boldsymbol{S}_{cs}$ 曲线的转折点。其具体步骤如下。

(1) 令常数 $k=1$，$a=0$。

(2) 当 $1 \leq k \leq N-5$ 时，若 $\det(k) \times \det(k+1) < 0$ 或 $\det(k+1)=0$ 且 $\det(k) \times \det(k+2) < 0$，则 $a = a+1$。

(3) 当 $k=N-4$ 时，若 $\det(k) \times \det(k+1) < 0$，则 $a = a+1$。

(4) 若 $k < N-4$，$k=k+1$，则转到步骤 (2)，否则转到步骤 (5)。

(5) $P_s = a/(N-3)$。

P_s 值即是表征 $\boldsymbol{S}_{cs}$ 向量曲线的形状特征参数。大量的实验数据表明，重频抖动序列和正弦调制序列的 $\boldsymbol{S}_{cs}$ 向量曲线的形状特征差异比较大，形状特征参数能够准确识别这两种重频样式。若特征参数 $P_s \in [0.03, 0.3]$，则雷达脉冲序列为正弦调制序列。若特征参数 $P_s \in [0.5, 0.8]$，则雷达脉冲序列为重频抖动调制序列。

文献[10]直接将 $N-2$ 维的 $\boldsymbol{S}_{cs}$ 向量和一个 2 维的标签向量作为神经网络分类器的输入向量，识别重频分组、重频抖动、重频滑变和正弦调制等 4 种重频调制雷达信号。然而输入向量维数的增大会导致分类器设计困难且结构复杂，增加训练时间，影响识别结果，并且 PRI 调制参数的变化也会影响识别结果。对此，文献[6]通过提取 $\boldsymbol{S}_{cs}$ 向量的频率特征和形状特征参数作为分类器的输入，识别重频分组、重频抖动、重频滑变、正弦调制和重频参差等 5 种重频调制雷达信号。但是，多参差重频调制序列的 $\boldsymbol{S}_{cs}$ 向量曲线没有固定的变化特征，导致文献[6]提出的方法对多参差重频序列的识别效果不佳，并且由于重频固定序列的 $\boldsymbol{S}_{cs}$ 向量的值全部为零，提取它的频率特征后容易与重频分组序列混淆。本节提出的比值特征和比重特征能有效弥补频率特征和形状特征的不足，四种特征参数综合使用能有效识别上述几种重频模式。

7.2.3 实验与分析

为了验证本节基于重频挖掘出的四个新特征参数的有效性，模拟产生分选后的雷达脉冲到达时间序列。对每种重频模式，随机产生 200 个样本，每个样本是长度为 100 的脉冲到达时间序列，其中 100 个样本用于训练，100 个样本用于测试。产生的雷达重频模式以及重频调制参数的变化范围如表 7.2 所示。

表 7.2　各种重频模式以及调制参数的变化范围

调制类型	PRI 范围/μs	相邻 PRI 幅度变化量/%	调制参数
重频固定	100～1000	0～1	——
重频参差	50～100	10～30	二，三，四参差
重频滑变	100～1000	1～600	周期为 7/10/20 个脉冲
重频分组	50～500	0～20	每组为 15/20/30 个脉冲
重频抖动	100～1000	6～20	——
正弦调制	100～500	1～5	周期为 20/30/50 个脉冲

在理想情况下，即不考虑丢失脉冲或虚假脉冲，利用本节所提的特征参数，基于径向基概率神经网络，可以实现对表 7.2 中雷达重频模式的自动识别，准确率均为100%。为了进一步验证新方法对不同电磁环境的适应能力，在包含 100 个脉冲的 TOA序列里随机减去 5%、10%的丢失脉冲，或者加入 5%、10%的虚假脉冲，分别研究丢失脉冲和虚假脉冲对识别率的影响。实验统计结果如表 7.3 所示。从表 7.3 可以看出，本节提出的识别新算法，在脉冲丢失率或脉冲虚假率为零时，重频模式的识别率为100%，在脉冲丢失率或者脉冲虚假率为10%时，重频模式的识别率仍在90%以上。由仿真实验可以看出，该算法不仅保证了对重频模式的识别准确率，而且算法实现简单，能够自动识别多种重频调制样式。

表 7.3　各种重频模式的识别准确率　　　　　　　　　　（单位：%）

重频模式	理想情况	脉冲丢失率为 5%	脉冲丢失率为 10%	脉冲虚假率为 5%	脉冲虚假率为 10%
重频固定	100	95	90	95	91
重频参差	100	95	91	95	90
重频滑变	100	96	91	96	91
重频分组	100	97	91	97	90
重频抖动	100	96	91	96	90
正弦调制	100	96	90	95	90

7.3　基于脉幅的工作模式识别

7.3.1　雷达扫描方式分析

雷达信号幅度信息是判别辐射源天线扫描方式的主要依据。天线扫描方式是指雷达天线主波束的指向随时间变化的规律。按照驱动天线波束运动的方式划分，天线扫描可分为电子扫描和机械扫描，电子扫描是采用改变相位或频率等方式使天线波束进行空间扫描运动，其波束指向可以很快改变；机械扫描是采用机械方法驱动雷达天线进行空间扫描运动，其波束指向变化较慢。按照波束在空间移动的轨迹划分，天线扫描可以分为圆周扫描、扇形扫描、栅形扫描等。天线扫描方式常用波束移动轨迹和天线扫描周期两个参量描述[1]。

天线扫描方式与雷达辐射源的工作模式之间存在紧密的联系。因此，利用信号幅度信息判别天线扫描方式，有助于识别辐射源的本征属性。工作于搜索模式的雷达，天线扫描采用扇形扫描或圆周扫描，扫描周期较长，侦察系统截获的信号幅度变化较大；工作于跟踪模式的雷达，天线扫描一般采用圆锥扫描，侦察系统截获的信号幅度变化范围不大。相控阵体制的雷达采用电子扫描的方式，侦察系统截获的信号幅度变化特性与机械扫描雷达信号幅度变化有明显区别，利用这一特性可以识别相控阵体制的雷达。下面介绍几种常见的雷达天线扫描方式，并分析不同天线扫描方式与雷达本征属性的关系。

1. 圆周扫描

雷达为了探测监视全空域的情况，天线波束会进行圆周运动，通常是在水平面上作 360° 圆周扫描。圆周扫描一般与工作在警戒模式的雷达相对应，使得雷达能够搜索负责的全空域。这种扫描方式的扫描周期比较大，一般为几秒至几十秒。侦察系统侦收的圆周扫描信号幅度包络示意图如图 7.3 所示。

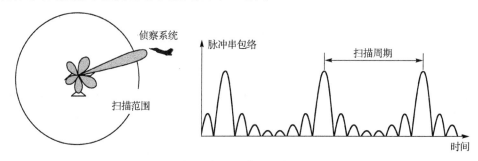

图 7.3　圆周扫描雷达信号幅度包络示意图

2. 扇形扫描

扇形扫描是指雷达天线在某个角度区间往返运动。扇形扫描也称线性扫描，可分为水平扫描或俯仰扫描。若侦察到俯仰扫描的扇形扫描方式，则雷达一般为测高体制的雷达。扇形扫描也是工作在警戒模式的雷达常用的扫描方式，使得雷达能够重点观测某个区域。侦察系统侦收的扇形扫描信号幅度包络示意图如图 7.4 所示，A 是侦察系统至扫描区右边的往返范围，B 是侦察系统至扫描区左边的往返范围。

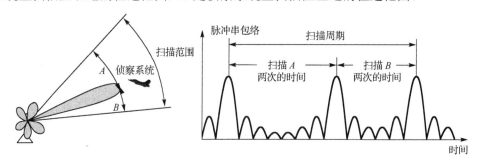

图 7.4　扇形扫描雷达信号幅度包络示意图

3. 栅形扫描

栅形扫描的波束为笔形波束，波束在水平面上一行一行地进行扫描，每扫完一行，在仰角上跳变一个角度，再在水平方向上进行扫描，扫描的行数为 2～4 行。侦察系统侦收的栅形扫描信号幅度包络示意图如图 7.5 所示，侦察系统位于第二条扫描线上。

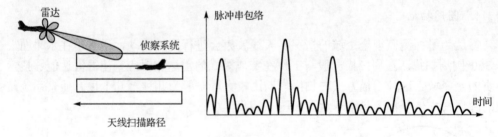

图 7.5　栅形扫描雷达信号幅度包络示意图

4. 圆锥扫描

圆锥扫描的波束也为笔形波束，它以瞄准轴为轴线进行圆周旋转，在波束的轴线空间扫描中扫出一个圆锥。工作于跟踪模式的雷达常用圆锥扫描来完善校正角度数据，用来跟踪目标。圆锥扫描速度比较高，典型的是 $30 \sim 50\,\text{r/s}$。圆锥扫描是雷达跟踪目标的一个重要标志。侦察系统侦收的脉冲信号幅度包络变化较小，如图 7.6 所示。

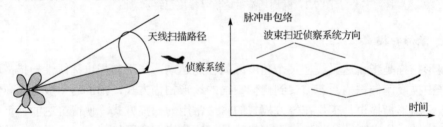

图 7.6　圆锥扫描雷达信号幅度包络示意图

5. 电子扫描

电子扫描是指以电子技术来控制波束扫描，常用的有频扫和相扫。电子扫描天线波束在空间移动速度非常快，可以达到微秒量级。相控阵体制雷达主要采用电子扫描的方式来灵活控制波束指向，它至少在一个方向上采用电子扫描。在实际雷达应用中，电子扫描和机械扫描通常结合起来使用，如在俯仰方向上采用电子扫描，在方位上采用机械扫描。侦察系统侦收的电子扫描方式的信号幅度包络与其他扫描方式有明显区别。

7.3.2　提取原理

利用脉冲幅度可以推断雷达辐射源的工作体制和工作模式，本节主要研究利用雷达信号幅度信息识别相控阵体制雷达，为解决识别相控阵体制雷达较困难的问题提供一种新的思路。以前对相控阵体制雷达的识别主要是利用载频、脉冲宽度和重频特征等特征参数。然而，由于相控阵雷达的信号样式和工作模式多变、快变，其识别准确率并不高。文献[11]、[12]提出利用截获的雷达信号幅度变化特性判别雷达天线的波束形状以及信号的起伏特性，进而识别相控阵体制的雷达。但是，他们提出的方法主要依赖多个侦察站截获的信息，对设备需求量大。本节在单站侦察的基础上，介绍一种基于脉幅相像系数的相控阵体制雷达识别新方法[13]。

1. 相控阵雷达发射信号模型

一维相扫相控阵雷达将灵活的波束控制能力和波形控制能力有机结合起来。它既克服了二维相扫相控阵雷达高成本的缺点，又具有相控阵雷达的众多优点，从而成为现代三坐标目标指示和预警雷达的发展方向，并在现代防空系统中占据着重要的地位[14]。本节以某型一维相扫相控阵体制雷达为研究对象，通过分析该雷达的天线波束形状和信号形式，研究基于脉幅信息的相控阵雷达识别技术。

该雷达的天线是一个 80 列×58 行的平面阵列天线，58 行中 56 行为有源线阵。因只要在仰角上实现电控扫描，故天线的馈相采用列馈方式，其发射列馈及接收列馈如图 7.7 所示。

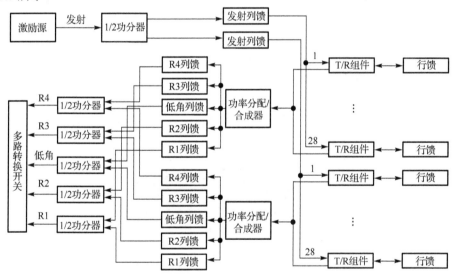

图 7.7　发射波束与接收波束形成网络示意图

由图 7.7 可以看出，处在同一行中的 80 列是同相的，但各行的相位则是不等相的。这样就可将 56 个有源线阵视为一个等效辐射单元，记其单元方向图为 $f_h(\theta,\varphi)$，整个平面阵列就可视为由这 56 个等效辐射单元形成的列线阵。该雷达阵列天线的方向图 $F(\theta,\varphi)$ 为 $f_h(\theta,\varphi)$ 与列线阵阵列因子的乘积，即

$$F(\theta,\varphi) = f_h(\theta,\varphi) \sum_{k=0}^{55} e^{jk(\phi-\varphi)} \tag{7.14}$$

式中，$\phi = \dfrac{2\pi d \sin\beta}{\lambda}$ 为波程差引入的相位差即空间相位差；d 为行间距离；β 为波束在仰角上的指向；φ 为移相器的相移量，由移相器控制，改变 φ 即可改变波束指向角 β。

该雷达在方位上机械扫描，俯仰上相位扫描，典型的扫描速度为 6r/min，方位波

瓣宽度 1.2°，俯仰波束宽度为 3°（阵面法线方向），俯仰上共有 6 个波位，雷达天线波束在俯仰上依次扫过 6 个波位。雷达信号的重频范围是 300～7000Hz，雷达扫过每个方位角波束宽度的时间内平均发射的脉冲数目为 10～233 个。雷达天线在水平面和垂直面的方向图如图 7.8 所示，天线方向图的三维立体图如图 7.9 所示[15]。

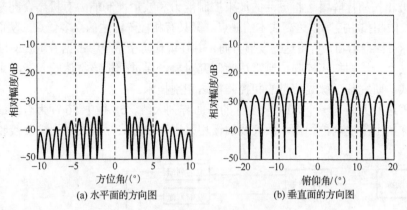

(a) 水平面的方向图　　　　　　　　　(b) 垂直面的方向图

图 7.8　雷达天线的水平面方向图和垂直面方向图

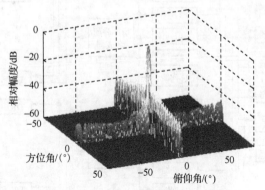

图 7.9　雷达天线方向图的三维立体图

依据相控阵天线方向图的展宽原理，当波束指向偏离阵面法线方向时，波束半功率宽度会增加，并且主瓣左右的副瓣宽度会出现不对称性。上述雷达在方位上机械扫描，在俯仰上相位扫描，当波束指向的方位角变化时，雷达天线的水平波束宽度始终不变，而在垂直方向上，当波束指向偏离阵面法线方向时，波束半功率宽度会增加，并且主瓣左右的副瓣宽度会出现不对称性。该雷达在俯仰方向上，波束指向分别偏离阵列法线方向 −20° 和 5° 时的天线方向图如图 7.10 所示。

雷达发射信号的数学模型可由式(7.15)来描述[16]，即

$$s_t(t) = \sqrt{\frac{P_t}{(4\pi)^2 R^2 L_t}} \cdot F(\theta,\varphi) \cdot e^{jw_c t} \cdot v(t) \tag{7.15}$$

式中，w_c 为频率；P_t 为发射机的峰值功率；L_t 为雷达发射信号的综合损耗；R 为与

雷达之间的距离；$F(\theta,\varphi)$ 为发射天线方向图；$v(t)$ 为复调制函数，它是 N_p 个宽度为 T_p 的矩形脉冲构成的脉冲串，表达式为

$$v(t) = \sum_{k=0}^{N_p-1} \mathrm{rect}\left(\frac{t-kT_r}{T_p}\right) \cdot \mu(t-kT_r) \cdot \exp(jw_k t) \tag{7.16}$$

式中，w_k 为第 k 个脉冲的角频率增量；T_r 为脉冲重复周期；$\mu(t)$ 为单个调制函数，以线性调频为例：$\mu(t) = \exp(j\pi bt^2)$，$0 \leqslant t \leqslant T_p$；$b$ 为线性调频的调制斜率。

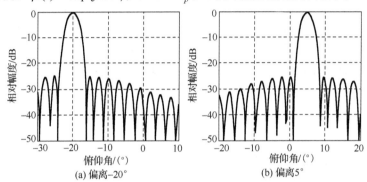

图 7.10　俯仰方向波束指向分别偏离阵列法线方向 $-20°$ 和 $5°$ 时的方向图

　　相控阵雷达发射信号的形式多样，根据不同的功能特点，采用不同的信号形式。雷达跟踪目标时一般采用脉冲压缩信号，其脉冲内部为线性调频或相位编码信号。为提高雷达的抗干扰能力，一般采用频率捷变信号，并且相控阵雷达可在不同的波位上采用不同的信号形式，如图 7.11 所示。此图说明相控阵雷达在三个波位依次扫描时采用不同的信号形式。

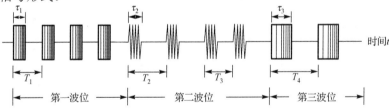

图 7.11　相控阵雷达在不同波位上的信号形式

2. 侦察信号模型

　　雷达信号的脉冲幅度主要与雷达信号功率、信号传播距离以及雷达信号波束形状、天线扫描特性等因素有关[17]。截获的雷达辐射源脉冲幅度，不仅取决于辐射源平台和侦察系统的相对位置，还取决于辐射源的工作模式[18]。对处于跟踪模式的辐射源，脉冲幅度主要受辐射功率和辐射源与侦察系统之间的距离等因素影响；对于处于搜索状态的雷达，脉冲幅度除了受上面两种因素的影响，还要受雷达波束形状、天线扫描方式的影响。

　　脉冲幅度可用到达侦察系统处的辐射源功率密度表示，这里取功率密度的对数作为脉冲幅度。设雷达信号功率为 P_t，天线增益为 G_t，侦察机与雷达之间的距离为 R，电波大气传播损耗为 L，则脉冲幅度可以表示为

$$PA = 10\lg\frac{P_t G_t F(\theta)}{4\pi R^2 L} \tag{7.17}$$

式中，$F(\theta)$ 为归一化后的雷达天线方向图；θ 为脉冲到达方向与波束轴的夹角。

　　对处于跟踪状态下的雷达来说，$F(\theta) \approx 1$；而对处于搜索状态下的雷达来说，$F(\theta)$ 受雷达波束形状和扫描方式的影响。

　　雷达天线基本的扫描方式有圆周扫描和扇形扫描等。假设天线扫描是匀速的，扫描周期是 T，扫描范围是 A（圆周扫描时 $A = 360°$）。于是可以得到在一个扫描周期内雷达主瓣对侦察站的照射时间为

$$t_a = (\theta_{0.5} / A)T \tag{7.18}$$

式中，$\theta_{0.5}$ 为雷达天线波束的宽度。

　　相控阵体制的雷达具有一维相扫方式和二维相扫方式两种类型。一维相扫的相控阵雷达在现代战争中得到了广泛应用，而且一维相扫雷达的信号幅度包络有明显的特征，本节将首先研究识别一维相扫的相控阵雷达，然后将其拓展到识别二维相扫的相控阵雷达。

　　常规体制的雷达在方位上连续不间断地扫描，雷达对抗侦察设备截获的信号幅度包络变化比较平滑。当常规雷达天线的主瓣扫过侦察天线时，截获的雷达信号幅度包络如图 7.12 所示。

　　一维相扫雷达在方位上雷达天线波束连续转动，在俯仰上天线波束在不同的波位依次扫描，雷达对抗侦察设备截获的信号幅度包络起伏变化比较大。在有的波位上，侦察天线和雷达天线波束指向相对，能侦收到主瓣信息，截获的信号幅度相对较大，而在有的波位上，侦察天线和雷达天线波束指向不相对，只能侦收副瓣信息，截获的信号幅度相对较小。当相控阵雷达天线的主瓣扫过侦察天线时，截获的雷达信号幅度起伏特性如图 7.13 所示。

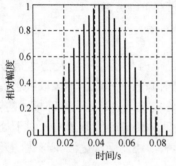

图 7.12　常规雷达信号幅度信息

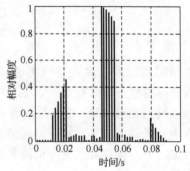

图 7.13　相控阵雷达信号幅度信息

观察图 7.12 和图 7.13 中信号幅度信息的变化特点，可以得出结论：雷达天线主瓣扫过侦察设备时，由于相控阵雷达与常规雷达天线波束扫描特性不同，截获的这两种雷达信号幅度包络存在明显差异。截获到常规体制雷达的信号幅度包络平滑、包含的脉冲数目多；截获到相控阵体制雷达的信号幅度包络变化较大、大幅度的脉冲数较少。本节将利用这种特征差别，通过构建相像系数来自动识别相控阵体制雷达。

3. 构建相像系数

相像系数可以反映两个函数之间的相似程度，其定义如下[14]。

设有两个一维的离散正值信号序列 $\{S_1(i), i = 1, 2, \cdots, N\}$ 和 $\{S_2(j), j = 1, 2, \cdots, N\}$，即 $S_1(i) \geq 0$，$S_2(j) \geq 0 (i, j = 1, 2, \cdots, N)$，定义系数

$$C_r = \frac{\sum S_1(i) S_2(j)}{\sqrt{\sum S_1^2(i)} \sqrt{\sum S_2^2(j)}} \tag{7.19}$$

式中，C_r 即为信号序列 $\{S_1(i)\}$ 和 $\{S_2(j)\}$ 的相像系数，其中 $\{S_1(i)\}$ 和 $\{S_2(j)\}$ 不恒为 0，C_r 的范围在 0~1。当两信号序列对应成比例时，即两信号完全相似，C_r 取得最大值 1；当两信号正交时，即两信号完全不相似，C_r 取得最小值 0。

观察图 7.12 和图 7.13 可知，雷达对抗侦察设备截获的相控阵雷达和常规雷达信号幅度包络在起伏特性上有明显区别，常规雷达脉冲幅度包络与三角形的相似程度大，相控阵雷达幅度包络与三角形的相似程度小。因此构造一个三角脉冲序列，分别求取两种信号幅度包络与三角脉冲的相像系数，利用相像系数有效地区分相控阵体制与常规体制的雷达。构造的三角脉冲序列 $T(k)$ 的数学表达式为

$$T(k) = \begin{cases} 2k/N, & 1 \leq k \leq N/2 \\ 2 - 2k/N, & N/2 \leq k \leq N \end{cases} \tag{7.20}$$

7.3.3　实验与分析

下面将分别讨论不同雷达信号参数时，相控阵体制雷达和常规体制雷达相像系数的差异。

1. 雷达信号参数相同

建立一部相控阵体制雷达和一部常规体制雷达模型，两部雷达天线的方向图各个参数相同，天线转速为 6r/min，信号的形式和功率也相同，信号脉冲重复频率为 560Hz，并采用相同的雷达对抗侦察设备。不同的是相控阵雷达在俯仰方向 6 个波位上依次扫描。侦察设备截获的信号幅度信息差异如图 7.14 所示。

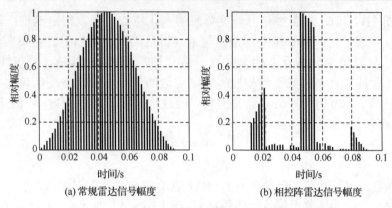

(a) 常规雷达信号幅度　　　　　　　　(b) 相控阵雷达信号幅度

图 7.14　常规雷达和相控阵雷达信号幅度信息比较

分别求取常规雷达信号幅度序列 $S_T(k)$ 和相控阵雷达信号幅度序列 $S_P(k)$ 与三角脉冲序列 $T(k)$ 的相像系数 C_r，结果分别为 0.99 和 0.61。可以得出：当两种体制的雷达信号参数相同时，常规雷达信号幅度与三角脉冲的相似程度高，相像系数值大；相控阵雷达信号幅度与三角脉冲的相似程度低，相像系数值小。

2. 雷达信号参数不同

建立一部相控阵体制雷达和一部常规体制雷达模型，两部雷达的天线扫描速度与信号重频样式各不相同。相控阵雷达天线转速为 6r/min，脉冲重复频率为 300Hz；常规雷达的天线转速为 3r/min，脉冲重复频率为 1000Hz。采用相同的雷达对抗侦察设备，截获的信号幅度信息差异如图 7.15 所示。

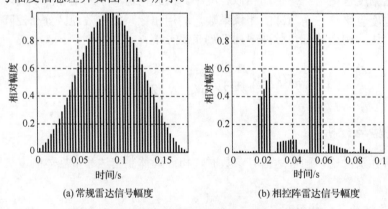

(a) 常规雷达信号幅度　　　　　　　　(b) 相控阵雷达信号幅度

图 7.15　常规雷达和相控阵雷达信号幅度信息比较

分别求取常规雷达信号幅度序列 $S_T(k)$ 和相控阵雷达信号幅度序列 $S_P(k)$ 与三角脉冲序列 $T(k)$ 的相像系数 C_r，结果分别为 0.95 和 0.52。同样可以得出：当两种体制的雷达信号参数不同时，常规雷达信号幅度与三角脉冲的相似程度高，相像系数值大；相控阵雷达信号幅度与三角脉冲的相似程度低，相像系数值小。

3. 多次实验

仿真 30 部相控阵体制雷达和 30 部常规体制雷达的脉冲信号，这 60 部雷达的天线扫描特性、重频特性和信号功率各不相同，采用相同的侦察设备接收这 60 部雷达的信号，分别求取截获的脉冲幅度序列与三角脉冲序列的相像系数 C_r。分析实验结果，得出两种体制雷达信号幅度与三角脉冲的相像系数的统计特性，如图 7.16 所示。

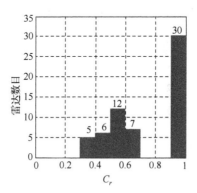

图 7.16　两种体制雷达的相像系数统计

通过大量实验数据验证，常规雷达的信号幅度序列与三角脉冲序列的相似程度高，相像系数值在 0.9 以上；相控阵雷达的信号幅度序列与三角脉冲序列的相似程度低，相像系数值在 0.3～0.7。因此，根据相像系数的取值范围可以自动识别相控阵体制雷达与常规体制雷达。

4. 识别二维相扫相控阵雷达

上述内容主要研究的是对现代战争中普遍使用的一维相扫相控阵雷达的自动识别，还有一种相控阵雷达是二维相扫相控阵雷达，对它的识别相对比较困难。

水平和仰角均采用相位电扫描的二维相扫相控阵雷达可以自由灵活地改变天线波束的指向，波束扫描并没有固定的扫描周期和电扫描方式。在不考虑副瓣侦察的情况下（相控阵雷达的副瓣电平很低，侦收较困难），只有在侦察波束和二维相扫雷达波束的指向相对时，侦察设备才能够截获信号的幅度信息，并且信号的幅度变化范围不大。在下一个时刻，二维相扫相控阵雷达会瞬间改变波束指向，侦察设备不能够侦察到波束信息。二维相扫相控阵雷达波束扫过侦察设备时，截获的信号幅度信息如图 7.17 所示。

图 7.17 中截获到信号的持续时间为雷达波束在波位上的驻留时间，截获的脉冲数为雷达在波束驻留时间内发射的脉冲个数。二维相扫相控阵雷达在波束驻留时间内，波束的指向不会发生变化，因此截获的雷达信号幅度变化范围不大，这是二维相扫相控阵雷达的特有性质，利用这一特征能够识别其雷达体制。但是，这一特性容易

受到信号传播环境中噪声的影响，使得截获的脉冲串幅度并不严格等幅，而且二维相扫相控阵雷达在每个波位上驻留的时间有限，发射的脉冲数目较少，因此利用截获的脉冲幅度特性识别二维相控阵雷达，需要通过长时间的观察，统计截获其信号的变化规律。

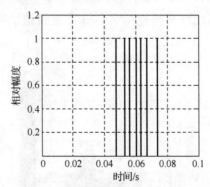

图 7.17　二维相扫相控阵雷达幅度信息

7.4　基于数据率的工作模式识别

7.4.1　相控阵雷达数据率与工作模式关系

数据率是能够体现相控阵雷达辐射源工作模式的特征参数，它在相控阵雷达工作模式的调度中起着重要的作用，体现了相控阵雷达一些重要指标之间的相互关系。工作于搜索模式的相控阵雷达，因其通常需要对较大的空间进行搜索，数据率一般较低；而工作于跟踪模式的相控阵雷达则通常使用较高的数据率，以达到提高跟踪精度的目的。因此，合理分配与调整搜索工作模式与跟踪工作模式下的数据率，是相控阵雷达在搜索与跟踪两种工作模式之间合理分配有限信号能量的常用方法之一。下面对相控阵雷达不同工作模式的数据率进行分析[19]。

1. 搜索模式的数据率

分区搜索与重点空域搜索模式：在重点搜索空域采用宽脉冲、高搜索数据率的信号形式以达到分配更多的信号能量对远距离进行搜索的目的；在其余搜索空域，则采用搜索数据率相对较低的短脉冲串进行近距离搜索。

同时远区及近区搜索模式：相控阵雷达在此工作模式下的搜索数据率不高，可在搜索远距离目标时采用能量大、重复周期长的信号，并在宽脉冲重复周期的前半段时间采用数据率较高的短脉冲串，实现对近距离目标的搜索。

多波束同时搜索模式：相控阵雷达在进行空间搜索时，基于时间分割原理，雷达可在一个信号重复周期内，形成 m 个发射波束并向相邻或者不同的方向上顺序发射信号，雷达利用这种多波束形成的工作模式降低了搜索时间间隔，使其在一个重复周期内的搜索空域扩大了 m 倍，有效地提高了搜索数据率。相控阵雷达还可根据不同等级空域的搜索要求，采用不同的信号形式发往不同的方向，例如，对要求探测距离远的搜索空域，可采用宽脉冲、重复间隔长的脉冲串，而对要求探测精度高的搜索空域，可采用数据率高的短脉冲串。接收时采用多个接收波束同时接收，进行信号处理，这样有效降低了搜索时间，提高了目标的发现概率。搜索模式的数据率如图 7.18 所示。

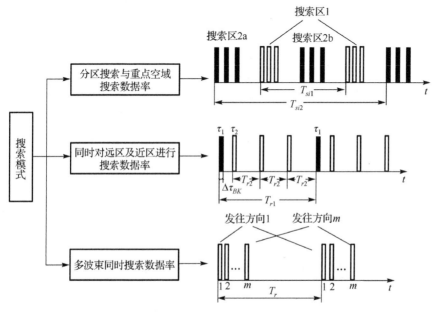

图 7.18　各搜索模式的数据率

2. 跟踪模式的数据率

相控阵雷达在搜索状态下发现目标之后，进入目标捕获过程，即跟踪过渡模式，此模式采用高数据率进行目标确认。

当转入跟踪状态后，相控阵雷达采用频段较高的、脉宽较窄的、重频在 1000Hz 以上的脉冲串信号，天线波束采用笔形波束以获得精确的角度分辨率。由于相控阵天线波束扫描的灵活性，相控阵雷达可以根据跟踪目标的多、少、远、近、重要程度以及威胁等级，采用不同的跟踪数据率，即在数据率最低的跟踪目标信号的重复周期内，安排与跟踪模式对应的数据率信号，实现对多波束信号能量的分配，并满足不同跟踪目标数据率的要求。同时，相控阵雷达为了便于用时间分割方法进行多目标跟踪，各跟踪状态对应的跟踪间隔时间一般取为最小跟踪间隔时间的整数倍，如图 7.19 所示。

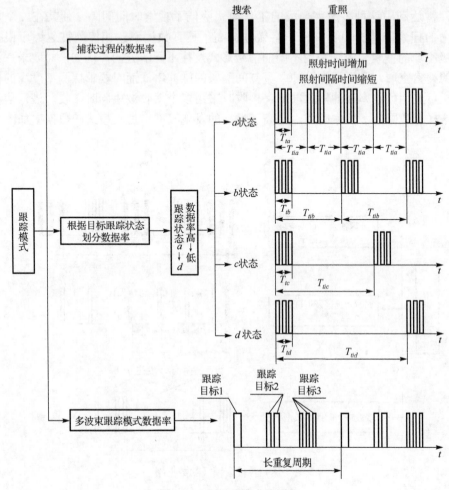

图 7.19　各跟踪模式数据率

3. 综合工作模式的数据率

TAS 模式：将总重复周期 T 进行搜索与跟踪模式的时间分配，在跟踪时间内，对所有目标进行跟踪采样，在各个搜索时间段内完成对整个预定搜索空域的一次搜索。经过 T 后再重新对搜索空域进行一次完整搜索。在此工作模式下应允许较大的搜索间隔时间，尽可能对搜索数据率放宽要求，同时，跟踪数据率又应高些，即跟踪间隔时间应小些，因此可把跟踪时间安插在搜索时间内以达到保持搜索数据率的同时提高跟踪数据率的目的。

TWS 模式：此模式没有设定专门的跟踪照射，跟踪数据率与搜索数据率相同。

TAS 模式与 TWS 采用的数据率如图 7.20 所示。

多功能跟踪制导雷达对目标的跟踪有两种模式：边搜索边跟踪和搜索加跟踪的瞄

准式方法。前者是传统目标指示雷达所采用的跟踪与扫描相结合的方法，后者用于对目标精确位置的测量。跟踪阶段包括对指定目标的截获、证实和初始跟踪等内容。可将空中目标划分为一般目标、重要目标和危险目标。在跟踪过程中，对一般目标采用边搜索边跟踪模式，边搜索边跟踪模式的跟踪数据率一般为 1Hz，在规定的空域内不需要另外分配能量就能完成搜索任务，它常用来对空中目标进行监视；对重要目标和危险目标则采用搜索加跟踪模式，搜索加跟踪模式要求有较高的跟踪数据率，对于重要目标至少要采用 10Hz 的数据率，而对危险目标应采用 20Hz 以上的数据率，其具体值要根据武器系统对导弹进行控制的要求来决定，一般为 10~40Hz[20]。

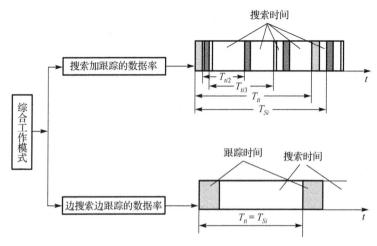

图 7.20　综合工作模式数据率

7.4.2　基于数据率的相控阵雷达工作模式识别方法

数据率可通过对同一目标相邻两次照射的时间间隔求倒数得到，即可以利用到达时间测量原理进行测量。如图 7.21 所示，其中输入射频信号 $s_i(t)$ 经包络检波、视频放大后输出视频信号为 $s_v(t)$，将 $s_v(t)$ 与检测门限 U_T 进行比较，当 $s_v(t) \geq U_T$ 时，判断为信号存在，并输出一个 TTL（Time to Live）电平脉冲信号，称为保宽脉冲。保宽脉冲将时间计数器中的当前时间 t 读出并送入锁存器，产生该信号的到达时间 t_{TOA} 的测量值[20]。

对数据率参数提取算法的实现过程是：截取一段侦收到的相控阵雷达信号序列 $\{t_{TOAi}\}$（已按到达时间先后进行排序），在一定时间容差范围内，逐个测量信号序列相邻到达时间的时间间隔差，假设侦收到该信号 N 次，可计算出平均时间间隔差，再由数据率的定义可得数据率的计算公式为[21]

$$D = N \bigg/ \sum_{i=1}^{N} (t_{TOA(i+1)} - t_{TOAi}) \tag{7.21}$$

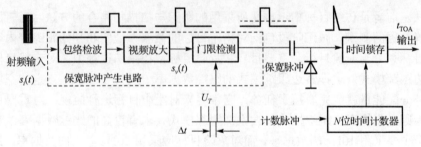

图 7.21　t_{TOA} 的测量原理

7.5　本 章 小 结

在完成分选与识别后，对雷达辐射源的工作模式进行识别，是十分重要的一个环节，也是电子对抗情报工作中实现由参数报向战术报转变的必经途径。目前对雷达辐射源工作模式的识别主要依赖于大量先验知识，在未知电磁信号环境下实现对其准确识别较为困难。本章研究的基于重频、脉幅以及数据率的雷达辐射源工作模式识别，只是其中的一小部分，仅起到抛砖引玉的作用，要完全实现对雷达辐射源工作模式的准确识别，还需要进一步深入研究与探索。

参 考 文 献

[1]　林春应. 电子对抗侦察情报分析[硕士学位论文]. 合肥: 中国人民解放军电子工程学院, 2002.

[2]　赵国庆. 雷达对抗原理. 西安: 电子科技大学出版社, 1999.

[3]　Guo G H, He M H, Han J, et al. Approach to pulse repetition intervals modulation recognition of advanced radar// PCCF, 2009: 521-526.

[4]　Richard G W. 电子情报——雷达信号截获与分析. 吕跃广, 等译. 北京: 电子工业出版社, 2008.

[5]　胡来招. 电子情报,雷达信号分析. 成都: 电子对抗国防科技重点实验室, 2006.

[6]　荣海娜. 复杂体制雷达辐射源信号脉冲重复间隔调制识别[硕士学位论文]. 成都: 西南交通大学, 2006.

[7]　徐欣. 雷达截获系统实时脉冲列去交错技术研究[硕士学位论文]. 长沙: 国防科学技术大学, 2001.

[8]　周昌术, 王建鹏, 柳征, 等. 一种新的重频识别方法. 航天电子对抗, 2007, 23: 43-45.

[9]　王建鹏, 初翠强, 吴京, 等. 一种基于贝叶斯网络的雷达重频模式识别方法. 电子信息对抗技术, 2007, 22: 14-17.

[10]　Noone G P. A neural approach to automatic pulse repetition interval modulation recognition//Proceedings of International Conference on Information, Decision and Control Salisbury, Adelaide, 1999: 213-218.

[11]　梁广德, 梁百川. 相控阵雷达信号截获与识别的仿真分析. 航天电子对抗, 1999, 3: 45-49.

[12]　王成, 张玉. 相控阵雷达侦察、识别和干扰研究. 电子对抗, 1999, 4: 44-50.

[13]　郭国华, 何明浩, 韩俊, 等. 基于脉幅信息的相控阵体制雷达识别技术. 中国电子科学研究院学报, 2009, 4: 589-593.

[14]　王忠. 有源一维相扫雷达对现代战争的适应性分析. 零八一科技, 2006, 4: 7-13.

[15]　王永良. 空间谱估计理论与算法. 北京: 清华大学出版社, 2004.

[16]　王国玉, 汪连栋. 雷达电子战系统数学仿真与评估. 北京: 国防工业出版社, 2004.

[17]　江绪庆. 多信号源雷达信号环境仿真技术[硕士学位论文]. 成都: 电子科技大学, 2006.

[18]　王业坤, 盛骥松, 叶蕴瑶. 电磁环境模拟中雷达信号脉流形成算法的研究. 舰船电子对抗, 2002, 25: 34-37.

[19]　张光义, 赵玉洁. 相控阵雷达技术. 北京: 电子工业出版社, 2004.

[20]　何明浩. 雷达对抗信息处理. 北京: 清华大学出版社, 2010.

[21]　冀琛. 相控阵雷达辐射源识别技术研究[硕士学位论文]. 武汉: 空军预警学院, 2013.